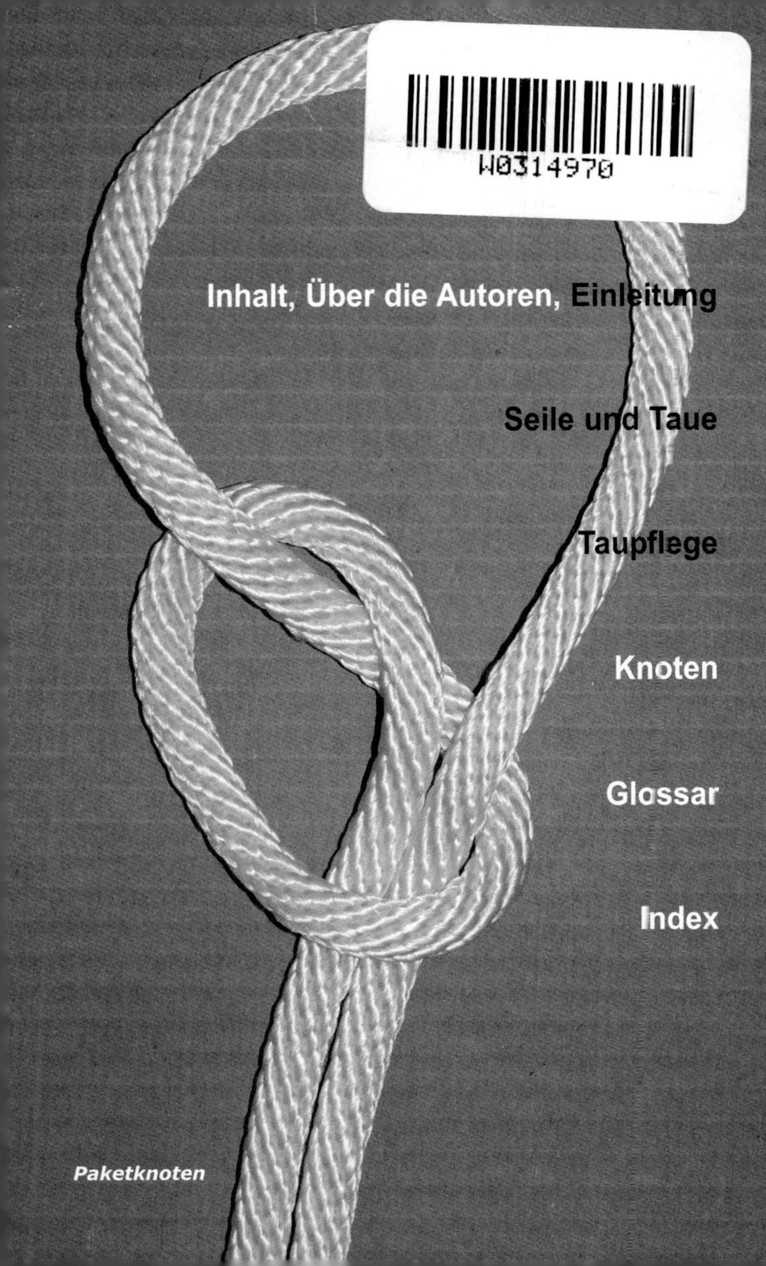

Paketknoten

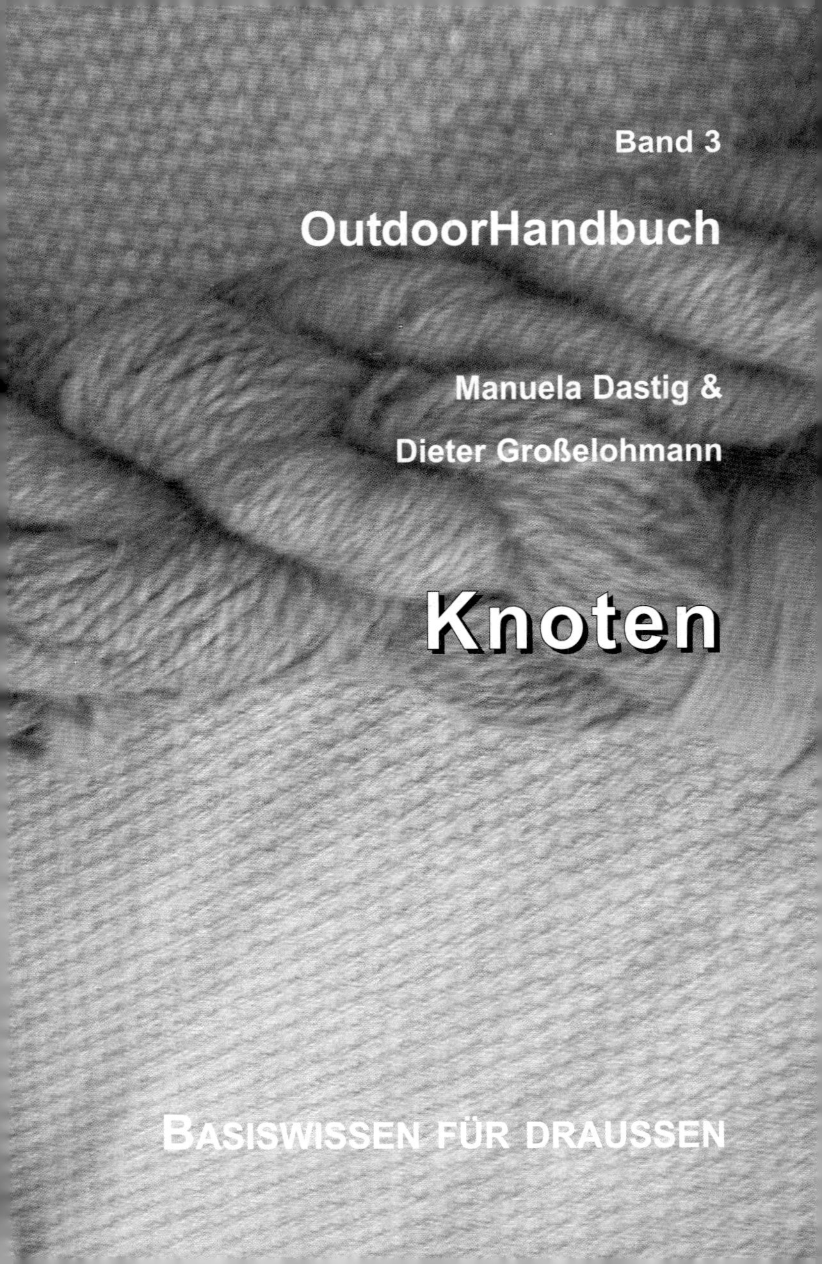

Band 3

OutdoorHandbuch

Manuela Dastig &

Dieter Großelohmann

Knoten

BASISWISSEN FÜR DRAUSSEN

Alle Informationen, schriftlich und zeichnerisch, wurden nach bestem Wissen zusammengestellt und überprüft. Sie waren korrekt zum Zeitpunkt der Recherche. Eine Garantie für den Inhalt, z.B. die immerwährende Richtigkeit von Preisen, Adressen, Telefon- und Faxnummern sowie Internet-Adressen, Zeit- und sonstigen Angaben, kann naturgemäß von Verlag und Autor - auch im Sinne der Produkthaftung - nicht übernommen werden.

Der Autor und der Verlag sind für Lesertipps und Verbesserungen (besonders als E-Mail) unter Angabe der Auflagen- und Seitennummer dankbar.

Dieses OutdoorHandbuch hat 83 Seiten mit 16 farbige Abbildungen, 181 farbige Zeichnungen. Es wurde auf chlorfrei gebleichtem Papier gedruckt, in Deutschland klimaneutral hergestellt und transportiert und der größeren Strapazierfähigkeit wegen mit PUR-Kleber gebunden.

OutdoorHandbuch aus der Reihe "Basiswissen für draußen", Band 3

ISBN 978-3-86686-003-2 1. Auflage

Dieses OutdoorHandbuch wurde konzipiert und redaktionell erstellt vom Conrad Stein Verlag GmbH, Postfach 1233, 59512 Welver, Dorfstr. 3a, 59514 Welver, ☎ 02384/963912, FAX 02384/963913, info@conrad-stein-verlag.de, www.conrad-stein-verlag.de

Textbearbeitung: Dieter Großelohmann
Fotos: Dieter Großelohmann, Conrad Stein
Zeichnungen: Manuela Dastig, Julia Losch
Layout: Marie-Luise Großelohmann, Yvonne Fanger
Gesamtherstellung: AZ Druck und Datentechnik GmbH, Kempten

Inhalt

Über die Autoren

Manuela Dastig layoutet im Conrad Stein Verlag und zeichnet mit Begeisterung auf jedes Stück Papier, das noch freie Stellen hat. In diesem Buch ist sie zusammen mit Julia Losch für die Knotenzeichnungen verantwortlich.

Dieter Großelohmann wirkt im Conrad Stein Verlag und ist seit seiner Jugend begeisterter Zelter und Outdoorer, er hat sich der Texte angenommen.

Julia Losch zeichnet und malt in ihrer Freizeit. In diesem Fall hat sie Manuela Dastig "unter die Arme gegriffen" und dafür gesorgt, das alles pünktlich an die Druckerei gehen konnte.

Einleitung

Einen Knoten zu beschreiben ist nicht ganz so einfach. Die "Sprache" der Knoten ist nun einmal nicht das Hochdeutsche sondern stammt von den Seefahrern die nun einmal hauptsächlich an der Küste wohnen. Ich habe versucht, die Begriffe wie Törn, Tampen oder auch dröseln ins hochdeutsche zu übersetzen und hoffe, dass es mir gelungen ist. Sollte doch einmal ein Wort aus der "Seglersprache" hereingerutscht sein, bitte ich, dieses zu verzeihen.

Beim fleißigen Nachknoten im Verlag ist uns aufgefallen, dass Linkshänder bei einigen Knoten anders vorgehen als Rechtshänder. Deshalb haben wir die Zeichnungen einiger Knoten auch für Linkshänder angefertigt.

Zum Schluss stellte sich nur noch das Problem der Auswahl. Aus den mehr als 300 Knoten die in manchen Büchern vorgestellt werden, habe ich mir nur die Gebräuchlichsten für unsere Zwecke ausgesucht. Hauptsächlich also Knoten für Kanufahrer und Trekker. Viele Knoten sind auch nur "Ableger" der hier vorgestellten und müssen nicht extra beschrieben werden. Mit all den in diesem Buch erklären Knoten sollten Sie im Outdoor gut zurechtkommen.

Auf spezielle Knoten für Bergsteiger habe ich verzichtet. Oft hängt hier ein Menschenleben an so einem Knoten und man sollte sich diese von speziell geschulten Lehrern in den Bergsportschulen erklären lassen.

Viel gefahrloser sind natürlich Krawattenknoten. Hier besteht höchstens die Gefahr einer Blamage. Um dieser zu entgehen, habe ich die Gebräuchlichsten am Ende des Buches kurz erklärt.
Nun bleibt nur noch "Viel Spaß beim Nachknoten" zu wünschen.

Wenn Sie mit unerfahrenen Outdoorern eine Reise planen, gehört zur Vorbereitung immer ein Abend an dem "Knoten üben" angesagt ist.

Dieter Großelohmann & Manuela Dastig

Seile und Taue

Im Schifffahrtsmuseum Husum (cs)

Was ist ein Seil?

Ein Seil besteht aus Fasern, die zu Garnen zusammengedreht werden. Die Garne werden dann in entgegengesetzter Richtung zu sogenannten Kardeelen geschlagen. Drei Kardeelen werden dann zu einem fertigen Seil verarbeitet. Früher bestanden Seile aus Naturfasern, doch heute benutzt man meistens synthetische Materialien. Jedes Material hat seine Vor- oder Nachteile.

Die meisten Leute machen keinen Unterschied zwischen Seilen aus natürlichem oder synthetischen Material. Das ist schade, weil viele spezielle Anwendungen nach einem bestimmten Material verlangen. Hier einige Punkte, die man bei der Auswahl beachten sollte:

Durchmesser und Festigkeit

Früher sagte man:

Doppelt so dick ist viermal so stark!

Diese grobe Faustregel haben Untersuchungen verschiedener Institute untermauert. Natürlich gilt das nur für unbeschädigte Seile aus gleichen Materialien. Ein neues 6 mm starkes dreikardeeliges Nylonseil hat eine Zugfestigkeit von ca. 650 kg. Ein entsprechendes 12 mm starkes hat eine Zugfestigkeit von ca. 2.500 kg

Rutschfestigkeit

Seile aus Naturfasern sind weniger rutschig als Seile aus Kunststofffasern. Besonders Polyäthylen- und Polypropylenseile sind so rutschig, dass man jeden Knoten mit einem Sicherheitsknoten (z.B. Achtknoten) sichern muss.

Flexibilität

Ein flexibles Seil lässt sich besser zu einem Knoten binden als ein steifes. Andererseits vertörnt (verdreht wie der Hochdeutsche sagt, das Wort stammt vom englischen Verb "turn" ab) es sich auch eher als ein festeres. Flexible Seile eignen sich hervorragend zum Befestigen von Gepäck am Wohnmobil und PKW. Zum Vertäuen von Kanus, Segelbooten oder Kabinenkreuzer benutzen Sie, wie hauptsächlich bei Anwendungen im und auf dem Wasser besser ein festes Seil.

Belastbarkeitsgrenze

Nicht bei allen Seilen und allen Anwendungen ist die Belastbarkeitsgrenze gleich hoch. Man kann also nicht genau sagen, an welchem Punkt die Belastung die Grenzen der Sicherheit überschreitet. Die in der Tabelle 2 angegebene "Belastbarkeit" kann also nicht absolut, sondern nur als Anhaltspunkt bei der Auswahl der Produkte verstanden werden. Natürlich setzt man voraus, dass die Seile in gutem Zustand sind und nicht unter Extrembedingungen, sondern im normalen Gebrauch zum Einsatz kommen. Auf gar keinen Fall sollten beschädigte Seile verwendet werden.

Immer wenn Gefahr für Leib und Leben besteht, müssen diese Belastbarkeitsgrenzen deutlich unterschritten werden, besonders dann, wenn das Seil einer Schock- oder Dauerbelastung ausgesetzt ist.

Kraft der Faserspannung

Diese Kraft, durch die ein Tauwerk verknotete oder verdrehte Formen beibehält, kann man auch als "Erinnerung" bezeichnen. Lassos oder Wurfleinen z.B. müssen eine " Erinnerung" haben, denn sie sollen beim Wurf ihre Form behalten und sich nicht verdrehen.

Steife Taue haben meist eine gute "Erinnerung". Polyäthylentauwerk aber ist z.B. flexibel, doch es vergisst nie die Windungen, in denen es aufgerollt und gelagert war. Steife Taue mit hoher Faserspannung lassen sich nicht gut knoten.

UV-Beständigkeit

Wenn das Tau länger der Sonne ausgesetzt ist, ist es wichtig, dass die UV-Beständigkeit gegeben ist. In der Tabelle 1 a, b sind nähere Angaben hierzu enthalten. Problematisch sind vor allem Kunststoffseile (außer Polyester). Die meisten enthalten einen Weichmacher der vom UV-Licht zerstört wird. Das Seil wird dann spröde und bricht.

Elastizität

Elastische Seile benötigt man beim Klettern oder zum Schleppen. Feste Seile werden beim Festmachen von Gegenständen gebraucht. Naturstoffe wie

Manila, Hanf, Sisal ziehen sich bei Feuchtigkeit zusammen, Nylon dagegen dehnt sich bei Belastung aus.

Früher mussten Camper allabendlich die (Naturfaser-) Schnüre ihrer Zelte lockern, heutzutage muss man die Schnüre gegen Abend mehrmals nachspannen und bei Sturm noch häufiger.

Auftrieb

Seile aus Polypropylen oder Polyäthylen bieten sich als Wurfleinen im Wasser oder z.B. als Wasserskileinen an, da sie nicht sinken. Seile aus natürlichen Materialien saugen sich voll Wasser und gehen unter.

Chemische Einflüsse

Verschüttet man z.B. aggressives Insektenvertilgungsmittel über ein Polypropylentau, bleibt nur noch eine Hand voll matschiger Fasern übrig. Deshalb gilt: "Vorsicht beim Umgang mit Chemikalien“. Informieren Sie sich am besten in einer guten Bergsportabteilung über spezielle Reinigungsmittel für Ihre Seile. Jedes Seil wird mehr oder weniger stark durch Chemikalien angegriffen.

Der Achtknoten

Verschiedene Materialien

Taue aus Kunststoff

Nylon

Nylon wurde gegen Ende des Zweiten Weltkrieges entwickelt und ist die erste Kunstfaser, die bei der Seilherstellung Verwendung fand. Seile aus Nylon sind am weitesten verbreitet, da diese kräftig, leicht und feuchtigkeitsbeständig sind. Nylonfasern verleihen einem Seil Festigkeit und Elastizität wodurch es Stoßbelastungen bestens standhält. Am häufigsten findet man dreikardeelig geschlagene, gedrehte oder geflochtene und ummantelte Taue.

Geschlagene Taue dröseln auf, wenn man sie erhitzt; es ist daher nicht einfach, die Enden sauber zu verschmelzen, wenn man das Tau durchgeschnitten hat. Bei diesen Tauen legt man einen Takling (man wickelt kleine Schnüre um das Seilende) aus gewachster Schnur, einem Plastiktaklingkleber oder einem Plastikschrumpfschlauch an.

Abb. 1 dreikardeelig geschlagen *geflochten (ummantelt)*

Geflochtenes (ummanteltes) Tauwerk besteht eigentlich aus zwei Tauen, eines innen und eines außen. Es lässt sich sehr gut verarbeiten und bekommt beim Aufschießen (sachgerechten Verstauen) keine Kinken (Knoten, Fehler im Tau) und Schlingen. Man kann die Enden gut verschmelzen und sie sind sehr reibungsbeständig, allerdings kann die geflochtene Hülle Schäden an der Seele des Taus verbergen.

Polyäthylen

Preiswert, rutschig, etwas elastisch, wasserbeständig, schwimmt oben, wird oft zum Wasserskifahren benutzt

Polypropylen

Ähnlich wie Polyäthylen, aber nicht so rutschig und etwas elastischer (ein besseres Tau als das oben genannte)

Polyester (Dacron)

Wenn es auf Stabilität und UV-Beständigkeit ankommt, ist Polyester das ideale Material. Es wird z.B. verwendet bei Segel und Muringtrossen.

Taue aus Naturfasern

Diese Taue werden kaum noch verwendet, bis auf Baumwollschnur. Naturfasertaue wie Manila, Sisal, Hanf und Jute fühlen sich gut an, lassen sich leicht aufschießen und halten Knoten prima. Aber sie sind sehr schwer, verrotten schnell und sind nicht besonders fest.

Beispielsweise entspricht die Zugfestigkeit bei einem neuen 10 mm starken Manilatau ca. 550 kg - damit reicht es kaum an die Taue aus modernen Materialien heran (☞ Tabelle 2).

Kevlar

Das von DuPont entwickelte goldfarbene, synthetische Material wird als Reifenmantel oder für schusssichere Westen verwendet. Auch für spezielle, sehr leichte Kanadier und Kajaks wird Kevlar benutzt. Bei einem spezifischen Gewicht von 1.44 ist ein Kevlar-Seil sehr leicht. Es ist ca. viermal so haltbar wie Stahl gleichen Durchmessers und so teuer, dass es nur bei speziellen

Tabelle 1 a: Vergleich einiger gebräuchlicher Tauwerke*

	Manila	Sisal	Baumwolle	Nylon	Polyester	Polypropylen	Polyäthylen	Aramid
Festigkeit:								
Zugfestigkeit trocken (g/Denier)	5-6,0	4-5,0	2-3,0	7,8-10,4	7,0-9,5	6,5	6,0	18-26,5
Naß im Vergleich zu trocken	bis 120%	bis 120%	bis 120%	85-90%	100%+[1]	100%	105%	95%
Schockabsorbtion	schlecht	schlecht	sehr schlecht	hervorragend	sehr gut	sehr gut	mittel	
Gewicht:								
Spezifisches Gewicht	1,38	1,38	1,54	1,14	1,38	0,91	0,95	1,44
Schwimmt	nein	nein	nein	nein	nein	ja	ja	nein
Dehnung:								
In Prozent bis zum Reißen	10-12%	10-12%	5-12%	15-28%	12-15%	18-22%	20-24%	1,5-3,6%
Dehnung unter Dauerlast	sehr gering	sehr gering		mittel	gering	stark	stark	sehr gering
Verhalten bei Feuchtigkeit:								
Wasseraufnahme der einzelnen Fasern	bis 100%	bis 100%	bis 100%	2,0-8,0%	<1,0%	0%	0%	3,5-7,0%
Widerstandsfähigkeit gegen Verrotten, Schimmel u. Zersetzung durch Meeresorganismen	schlecht	sehr schlecht	sehr schlecht	hervorragend	hervorragend	hervorragend	hervorragend	hervorragend
Zersetzung:								
UV-Beständigkeit	gut	gut	gut	gut	hervorragend	mittel[2]	mittel[2]	mittel[3]
Altersbeständigkeit bei richtiger Aufbewahrung	gut	gut	gut	hervorragend	hervorragend	hervorragend	hervorragend	hervorragend
Reibungsbeständigkeit:								
Oberfläche	gut	mittel	schlecht	sehr gut	am besten	gut	mittel	mittel[3]
Seele	gut	gut	gut	hervorragend	am besten	gut	gut	gut
Hitzebeständigkeit:								
Maximale Arbeitstemperatur	150°C	150°C	150°C	120°C	135°C	93°C	65°C	177°C
Minimale Arbeitstemperatur	-73°C	-73°C	-73°C	-57°C	-57°C	-29°C	-73°C	-73°C
Schmilzt bei			verkohlt bei 150°C	215-250°C	255-260°C	165°C	140°C	zerfällt bei 425°C

1 Besondere Beschichtung erhöht die Festigkeit bei Feuchtigkeit 2 Schwarz ist am besten 3Hervorragend mit Beschichtung

Tabelle 1 b: Beständigkeit gegen Chemikalien

	gegen Säuren	gegen Basen	gegen organische Lösungsmittel
Manila	löst sich in heißen, verdünnten und kalten, konzentrierten Säuren auf	kaum Widerstand, betroffene Stellen verlieren an Festigkeit	recht gute Widerstandskraft der Fasern, aber Kohlenwasserstoff zerstört Schutzfilm des Taus
Sisal	löst sich in heißen, verdünnten und kalten, konzentrierten Säuren auf	kaum Widerstand, betroffene Stellen verlieren an Festigkeit	widerstandsfähig
Baumwolle	löst sich in heißen, verdünnten und kalten, konzentrierten Säuren auf	kann aufquellen, wird aber nicht geschädigt	nicht widerstandsfähig
Nylon	zersetzt sich in starken, mineralischen Säuren; beständig gegen schwache Säuren	wird wenig oder gar nicht angegriffen	widerstandsfähig, löslich in Phenolverbindungen und in 90%iger Ameisensäure
Polyester	beständig gegen die meisten mineralischen Säuren, zersetzt sich in 95%iger Schwefelsäure	keine Reaktion bei niedrigen Temperaturen; löst sich bei starken, kochenden Basen auf	allgemein beständig; löslich in einigen Phenolverbindungen
Polypropylen	sehr widerstandsfähig	sehr widerstandsfähig	löslich in chlorierten Kohlenwasserstoffen bei 70 °C
Polyäthylen	sehr widerstandsfähig	sehr widerstandsfähig	löslich in chlorierten Kohlenwasserstoffen bei 70°C
Aramid	beständig gegen die meisten schwachen Säuren; starke Säuren greifen das Material an (besonders bei hohen Temperaturen und Konzentrationen)	beständig gegen die meisten schwachen Basen; starke Basen greifen das Material an (besonders bei hohen Temperaturen und Konzentrationen)	beständig gegen die meisten Ketone, Alkohole, Öle und Kohlenwasserstoffe

Anwendungen, bei denen es auf Leichtigkeit, geringe Materialverformung und hohe Haltbarkeit ankommt, eingesetzt wird. Selbst mit scharfem Werkzeug kann man Kevlar nur sehr schwer schneiden.

Tab. 2 Festigkeit einiger 10-mm-Standardtaue, dreikardeelig geschlagen oder achtkardellig geflochten

	Zugfestigkeit unter Spannung	**Arbeits-belastbarkeit**
Manila	550 kg	55 kg
Sisal	490 kg	49 kg
Nylon	1.500 kg	125 kg
Polyester	1.500 kg	150 kg
Polypropylen	1.100 kg	110 kg
Polyester/Polypropylenverbindung	1.100 kg	110 kg
Kevlar (Aramid von Du Pont), Draht-Tau Konstruktion	1.350 kg	

Beachte: Alle Angaben gelten für Taue in gutem Zustand unter normalen Arbeitsbedingungen, nicht für besondere Belastungen. Es sind keine absoluten Werte, sondern sie sollen lediglich als Anhaltspunkte dienen.

Taupflege
PALSTEK
Zum Festmachen ein Auge bilden, das sich nicht zusammenzieht
TROSSENSTEK
Verbindung zweier Trosse

Präparieren eines neuen Taus

Jeder, der ins Outdoor aufbricht, sollte mindestens ein oder zwei 20-Meter-Enden 8 mm starker, geschlagener Nylonschnur mitnehmen. Diese können dazu dienen, eingeklemmte Kanus in den Stromschnellen wieder flottzumachen oder vor dem drohenden Sturm noch schnell einen Regenschutz zu bauen. Sie sind auch sehr hilfreich, um Gerät bzw. Gepäck auf einem Wagen zu vertäuen oder auch vielleicht einmal einen Kleinwagen aus einem knietiefen Graben zu ziehen.

Ein gut gepflegtes Tau hält 10 Jahre oder mehr. Ein schlecht gepflegtes überlebt die erste Saison nicht. Als erstes gilt es, die Enden zu schützen, damit sie nicht aufdröseln. Dafür gibt es verschiedene Methoden:

2a - Tau ca. $1^{1}/_{2}$ cm vom Ende erhitzen

Takling durch Erhitzen

Diese Methode säubert die Enden der meisten Seile. Hierfür ist ein Feuerzeug, ein Bunsenbrenner oder Streichhölzer erforderlich.

Geflochtene Seile (auch Fallschirmleinen) werden rundherum, kurz vor dem Ende erhitzt, dann an der abgekühlten, verschmolzenen Stelle durchgeschnitten und zuletzt an der Schnittstelle nochmals erhitzen (☞ Abb. 2). So ver-

2b - An der abgekühlten, verschmolzenen Stelle abschneiden

2c - Erneut erhitzen

hindert man, dass sich das zu verschmelzende Ende aufdröselt, wenn es erhitzt wird.

Geschlagenes Tau neigt dazu, sich beim Durchschneiden aufzudröseln. Daher sollte man vor dem Erhitzen und Durchschneiden

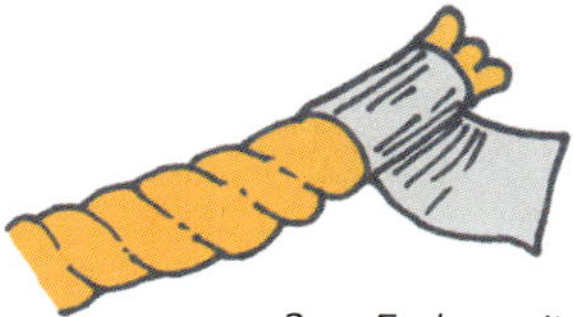

3a - Enden mit Klebeband umwickeln

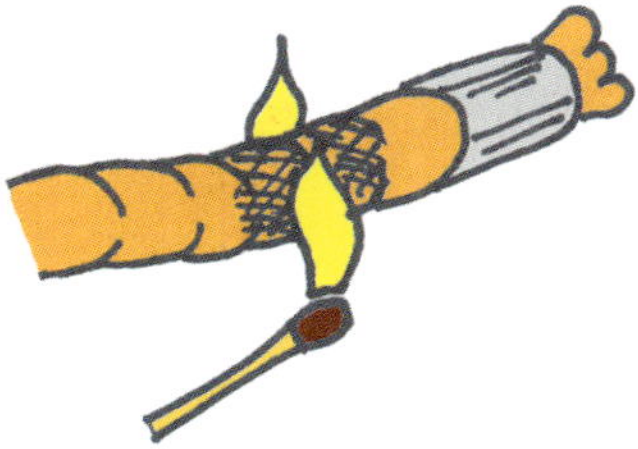

3b - Hinter dem Klebeband erhitzen

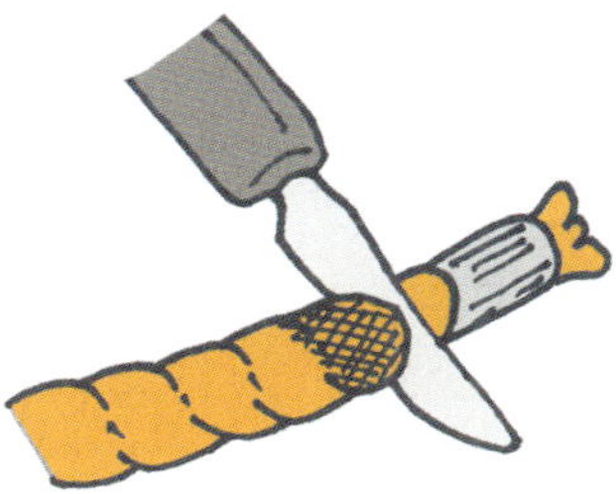

3c - An der verschmolzenen, abgekühlten Stelle durchschneiden

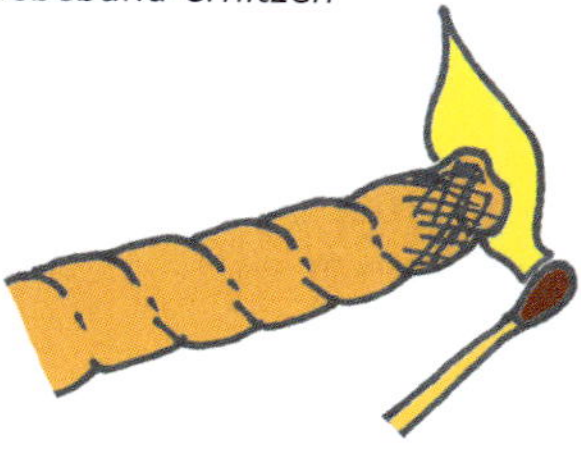

3d - Ende erneut erhitzen

das Ende fest mit Klebeband umwickeln, dann dahinter rundherum erhitzen. Wenn die Stelle abgekühlt ist, das Klebeband entfernen, an der verschmolzenen Stelle durchschneiden und das neue Ende wieder erhitzen (☞ Abb. 3).

Merke: Der Takling sollte mindestens so breit sein wie das Tau dick ist.

Einfacher Garntakling

Zwar aufwändiger, aber haltbarer als Verschmelzen oder Plastiktaklings. Für die meisten Anwendungen reicht der in ☞ Abb. 4 beschriebene einfache Takling. Am besten verwendet man gewachstes Schustergarn oder schweres Knopf- oder Teppichnähgarn (auch Zahnseide hat sich bestens bewährt) und wickelt mit dem Schlag des Taus zum Ende hin.

Kräftiges gewachstes Garn, Bindfaden oder Zahnseide

Abb. 4

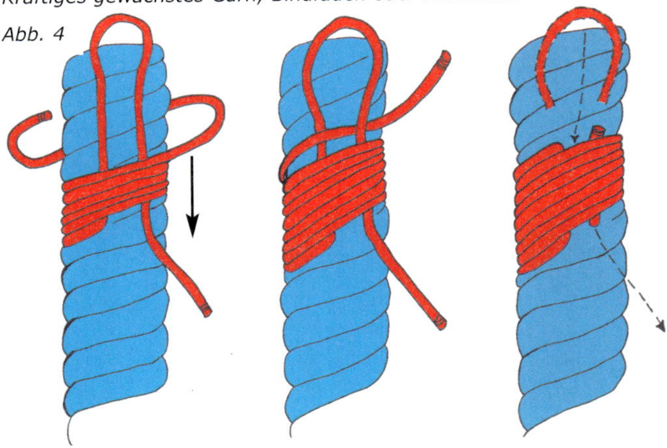

4a - Eine Schlinge (Bucht) der Länge nach an das Tau legen und Tau und Schlinge von unten nach oben stramm umwickeln

4b - Holende Part des Garns durch die Bucht stecken

4c - Bucht dichtziehen, damit holende Part fixieren, bündig abschneiden

Plastiktakling

Man tauche das Ende des Taus in einen flüssigen Plastiktakling und lässt es trocknen. Ein Plastikschrumpfschlauch sieht allerdings besser aus. Beides gibt es in verschiedenen Farben in den meisten Ausrüstungsgeschäften.

Aufschießen des Taus zum ordnungsgemäßen Verstauen

Das schönste Seil nutzt nichts, wenn es nicht vernünftig aufgeschossen verwahrt wird. Im Gegenteil, ein unachtsam herumliegendes Seil z.B. auf einer Segelyacht oder einem Motorboot kann sogar eine gefährliche Stolperfalle darstellen.

Hier werden nun einige Methoden gezeigt, Seile richtig aufzuschießen

Marine-Methode

1. Jede Schlinge sorgfältig vor die letzte legen, jeweils um eine halbe Drehung vertörnen, um Kinken und Vertörnungen zu vermeiden.

Dann packt man die Rolle mit einer Hand und steckt den Daumen der anderen durch das Auge (☞ Abb. 5a).

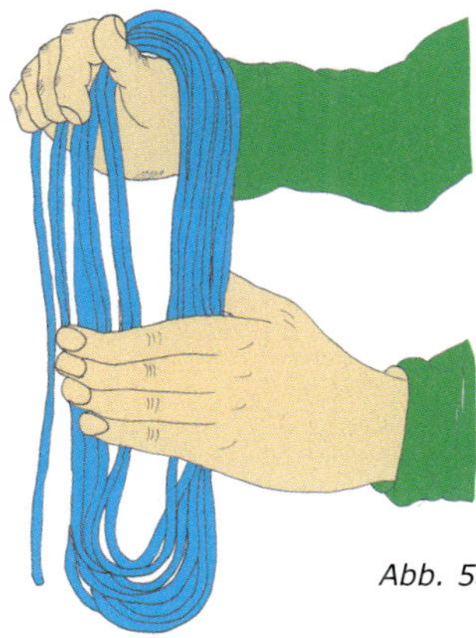

Abb. 5a

2. Die letzten beiden Lagen wieder abwickeln, dann das freie Seil ein paar Mal um die Rolle schlingen (☞ Abb. 5b), und zwar von oben nach unten in Richtung der haltenden Hand. Jetzt fest und gleichmäßig wickeln, aber nicht zu stramm.

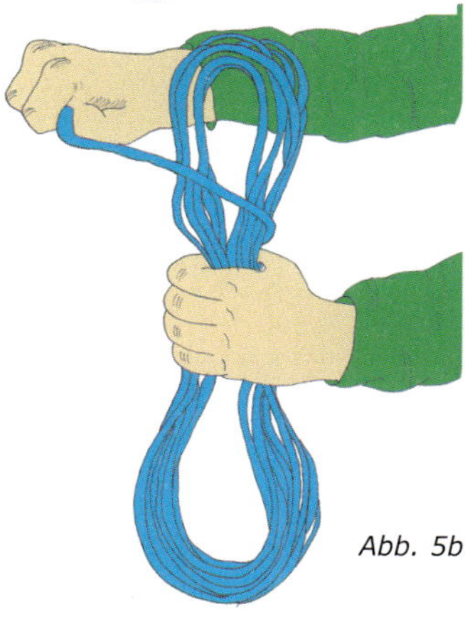

Abb. 5b

3. Wie in Abb. 5c nun mit dem Seil eine Schlinge formen und durch das Auge der Rolle stecken.

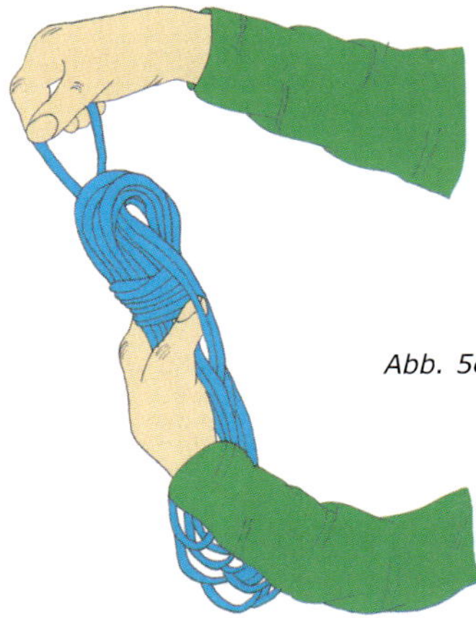

Abb. 5c

4. Nun mit einer Hand die Wicklung und mit der anderen die ganze Rolle umfassen und die Wicklung nach oben gegen die Schlinge schieben.

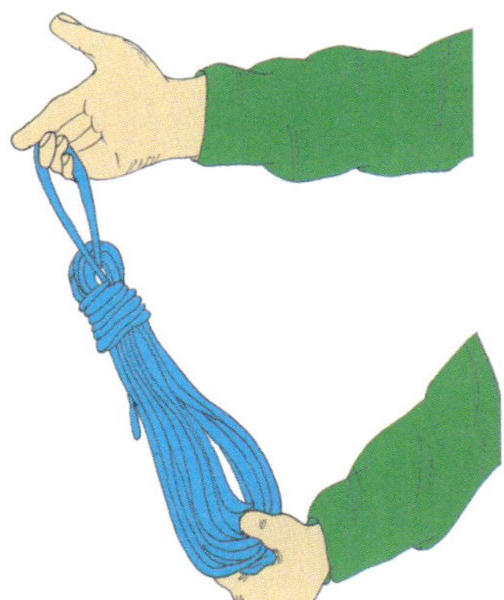

Abb. 5d

Jetzt ist das Tau aufgeschossen und gesichert (☞ Abb. 5d).

Zieht man jetzt an dem freien Seil, löst sich die Sicherung, und das Tau ist sofort gebrauchsfertig.

Segler-Methode

So sieht das Aufschießen nicht ganz so ordentlich aus, aber die einzelnen Schlingen bleiben besser geordnet, d.h. sie kinken nicht so leicht, wenn das Tau ausgegeben wird.

Schießen Sie das Tau auf und legen den letzten Meter zu einer Bucht. Bucht um die Rolle legen und mit zwei Halbschlägen sichern (☞ Abb. 6). An der Bucht aufhängen.

Abb. 6

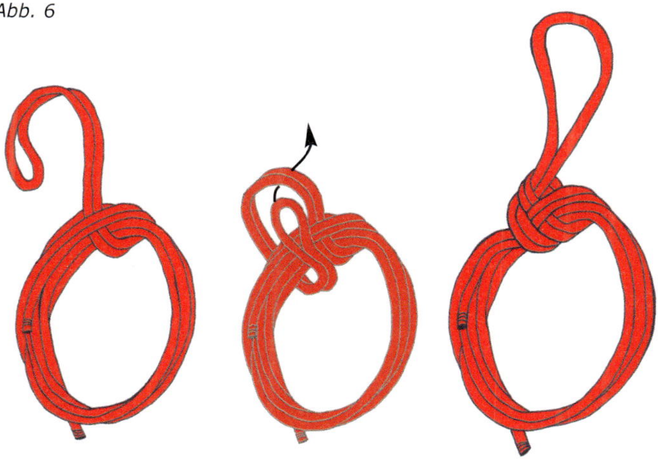

Seilpflege

Abrieb ist der Todfeind eines jeden Taus, also muss man vor allem das Material sauber halten. Man sollte seine Taue ein Mal am Ende der Saison in einem Bottich mit aufgelöstem Waschpulver gründlich waschen. Dann werden sie aufgeschossen und an der Luft getrocknet, ehe sie an einem kühlen, trockenen und dunklen Platz gelagert werden.

☺ Um einem neu gekauften Tau die Kinken auszutreiben, sollte man es für 1 bis 2 Stunden recken (z.B. stramm zwischen zwei Bäume spannen).

Auch ein altes Tau verliert Kinken und Vertörnungen, wenn man es kurz in Wasser einweicht und reckt.

Alles Tauwerk - egal ob synthetisch oder natürlich - ist nur bedingt UV-beständig. Man sollte daher Tauwerk möglichst nicht mehr als nötig der Sonne aussetzen.

Slipstek

Die Knoten

"Linkshänderversion" der Knoten ist jeweils mit **LH** markiert und in einem Kästchen unter der "rechtshändigen Version" dargestellt. Um Platz zu sparen, sind die Knoten, die der Autor als "universell" betrachtet, nur in der rechtshändigen Form dargestellt.

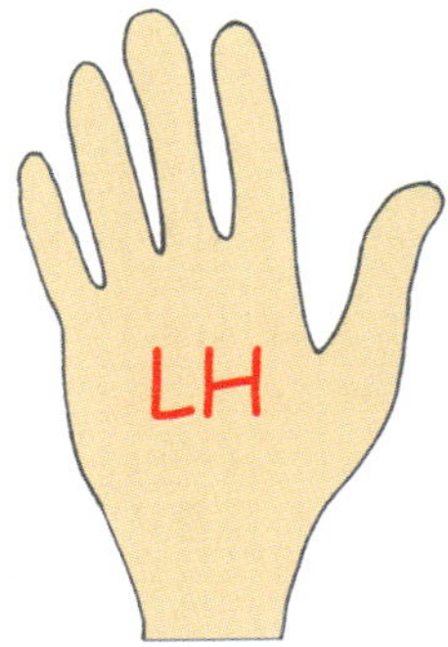

Wie fest sind Knoten?

Als Faustregel gilt, dass Knoten die Festigkeit eines Taus um 50 % reduzieren. In der Tabelle 3 ist die Festigkeit einiger gebräuchlicher Knoten aufgeführt. Spleiße (die nicht zu den Knoten zählen), verändern die Festigkeit eines Taus nur minimal und werden daher als Verbindung zweier Taue den Knoten vorgezogen.

Tab. 3 Zugfestigkeit einiger gebräuchlicher Knoten

Schifferknoten	70 %	Balkenstek	70 %
Palstek	60 %	Zwei Halbe Schläge	75 %
Doppelter Palstek	60 %	Lange Trompete	45 %
Trossenstek	65 %	Kreuzknoten	45 %
Webleinensteg	75 %	Zimmermannsstek	70 %
Achtknoten	48 %	Augenspleiß	95 %
Hakenstek	80 %	Kurzspleiß	90 %
Einfacher Überhandknoten	45 %		

☺ Die mit einem ✓ versehenen Knoten werden am häufigsten gebraucht und sollten deshalb zuerst gelernt werden.

✓ Schifferknoten

Mit dem Schifferknoten wurden früher auf den alten Segelschiffen die Ankertrosse mit dem Anker verbunden. Mit einer Festigkeit von 70 % ist der Schifferknoten einer der stabilsten Knoten überhaupt. Er rutscht nicht weg und zieht sich auch nicht fest, d.h. er kann jederzeit gelöst werden.

Abb. 8

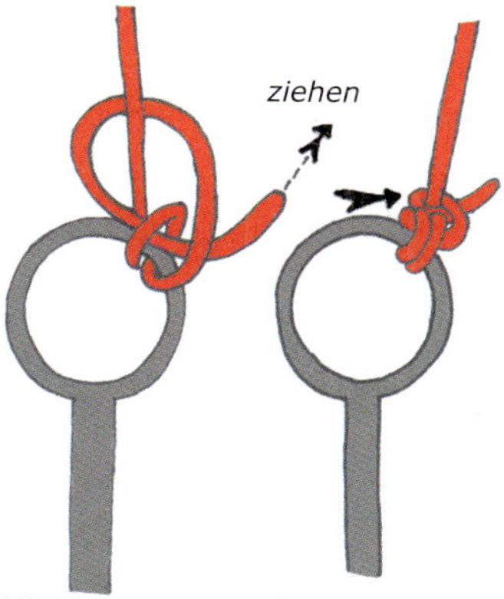

Mit einem extra Halben Schlag um die stehende Part beenden

Dies ist sicher einer der besten Knoten zum Vertäuen (Festmachen) kleiner Boote und zum Befestigen von Ködern an Fischleinen.

Leider ist er bei starken Trossen etwas schwieriger zu bewerkstelligen.

Menschen, die zu Hosenträgern zusätzlich einen Gürtel tragen, sichern den Schifferknoten noch mit einem Palstek an der stehenden Part.

✓ Palstek

Abb. 9

Der Palstek ist einer der ältesten und am häufigsten angewandten Knoten. Jeder Segler sollte ihn beherrschen. Früher gehörte er zu den drei wichtigsten Knoten an Bord eines Schiffes - die anderen beiden waren die Lange Trompete und der heute kaum noch benutzte Schauermannsknoten, ein kronenförmiger Endknoten.

Der Palstek ist ein sehr sicherer Knoten, der auch bei hoher Belastung nicht rutscht.

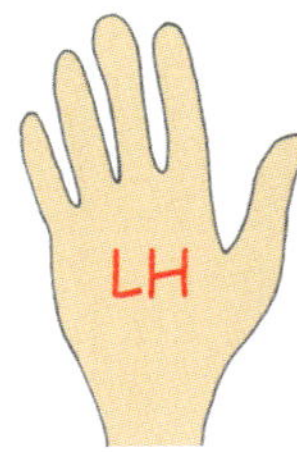

Oft befestigen Bergsteiger mit diesem Knoten das Sicherungsseil um die Taille.

Also, wenn Sie eine feste Schlinge am Ende eines Taus haben wollen, wenden Sie den Palstek an. Anfängern wird oft gesagt, sie sollten zunächst eine Schlinge bilden.

Vielleicht hilft diese "Eselsbrücke" ja um sich den Knoten zu merken:

Das Eichhörnchen (der Tampen) kommt durch das Loch hinauf, läuft um den Baum (gemeint ist die stehende Part) herum und schlüpft zurück ins Loch.

Der Palstek gibt noch ein paar Zentimeter nach, bevor er ganz stramm ist, also kalkulieren Sie den Tampen lang genug.

Gesicherter Palstek

Um ganz sicher zu gehen, besonders bei rutschigem Tauwerk, bringt man hinter dem Palstek noch zwei **Halbe Schläge** an. Damit hat man einen gesicherten Palstek.

Abb. 10

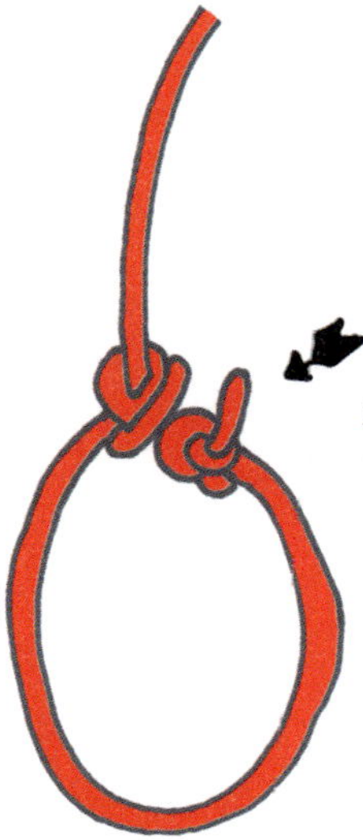

Leute, die sowohl Gürtel als auch Hosenträger tragen, bringen noch zwei halbe Schläge an. *☞ S. 29*

In Abbildung 21 wird der Halbe Schlag genau beschrieben.

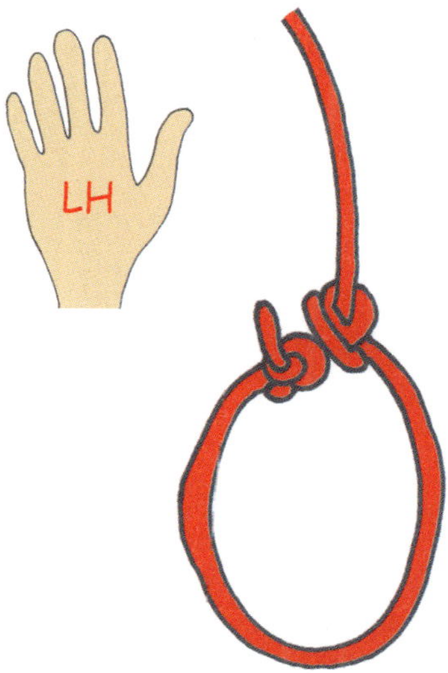

✓ Schmetterlingsschlaufe

Bergsteiger verwenden die Schmetterlingsschlaufe oft zur Befestigung der Sicherungshaken oder auch wenn eine rutschfeste Schlinge in der Mitte des Seils benötigt wird. Dieser Knoten ist sicher und in jeder Richtung belastbar.

Man kann diese Knoten entlang einer Leine als Haltepunkte für eine Winschtrosse anbringen - was bei Rettungsaktionen auf Kanufahrten unter Umständen wichtig sein kann.

Abb. 11

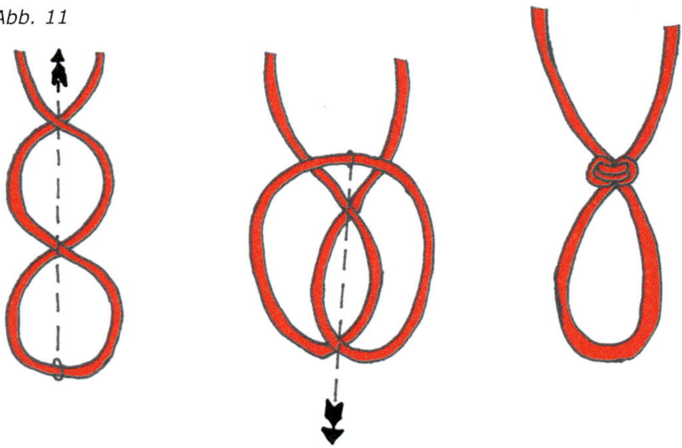

Die Schlinge wie angegeben drehen, nach oben biegen, dann durch die Mitte nach unter ziehen.

Auch wenn mehrere Personen ein langes Tau stramm ziehen müssen, bieten die Schlaufen sicheren Halt. Außerdem kann man mit diesem Knoten Sinker an Angelschnüren befestigen. Genau wie der Palstek zieht sich dieser Knoten nicht selbst zu.

Kurze Trompete

Ein guter Knoten, um beispielsweise ein Seil an einem Haken oder der Abschleppvorrichtung eines Autos zu befestigen.

Die Kurze Trompete ist auch bei hoher Belastung sicher und lässt sich trotzdem leicht lösen - sie ist daher bei Hafen- und Schiffsarbeiter immer noch beliebt.

Man bildet mit dem Tauende zwei Buchten, verdreht sie ein paar Mal und legt sie über den Haken. Ganz einfach.

Abb. 12

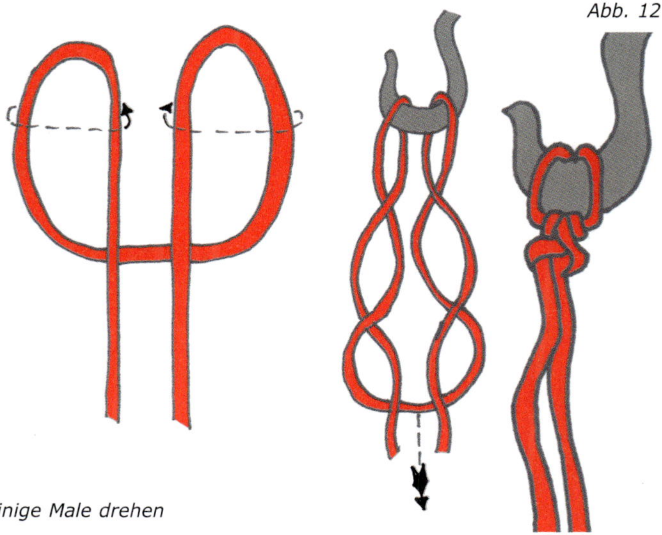

Einige Male drehen

Festziehen

Doppelter Palstek

Dieser Knoten kann an beliebiger Stelle eines Taus gemacht werden. Man wendet ihn an, um einen sogenannten Bootsmannsstuhl herzustellen. Dies ist ein Sitzbrett zum Arbeiten in der Takelage oder am Rumpf. Der Knoten wird auch benutzt wenn man mitten im Tau eine nicht rutschende Schlinge benötigt und die Enden nicht frei sind.

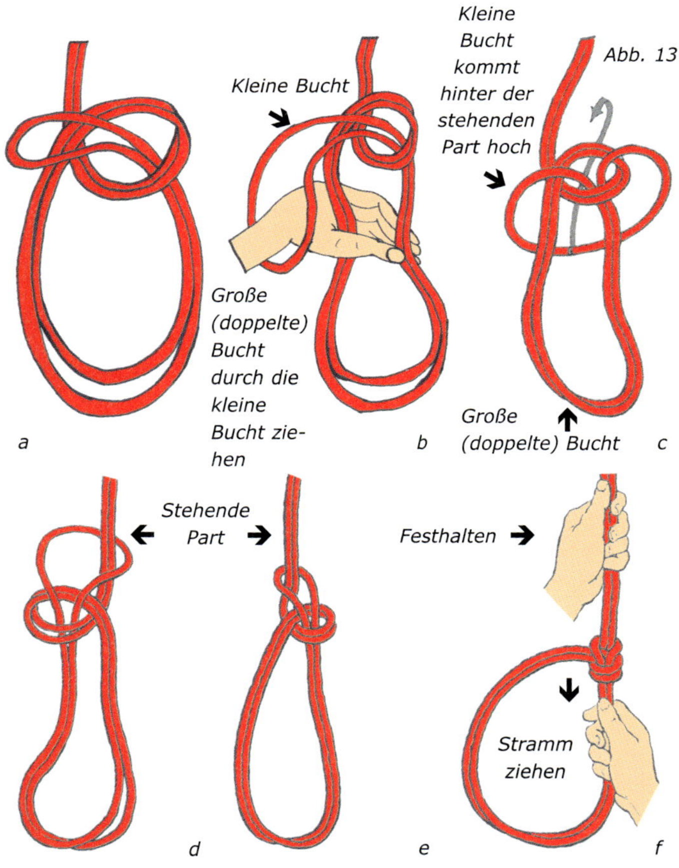

Der doppelte Palstek unterscheidet sich insofern vom einfachen, als man die kleine Bucht nach außen unten über die große, doppelte Bucht und an der stehenden Part hochzieht.

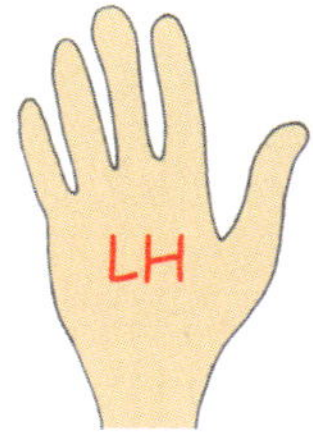

Beim Festziehen mit der linken Hand das Tau halten und mit der rechten Hand den Knoten stramm ziehen.

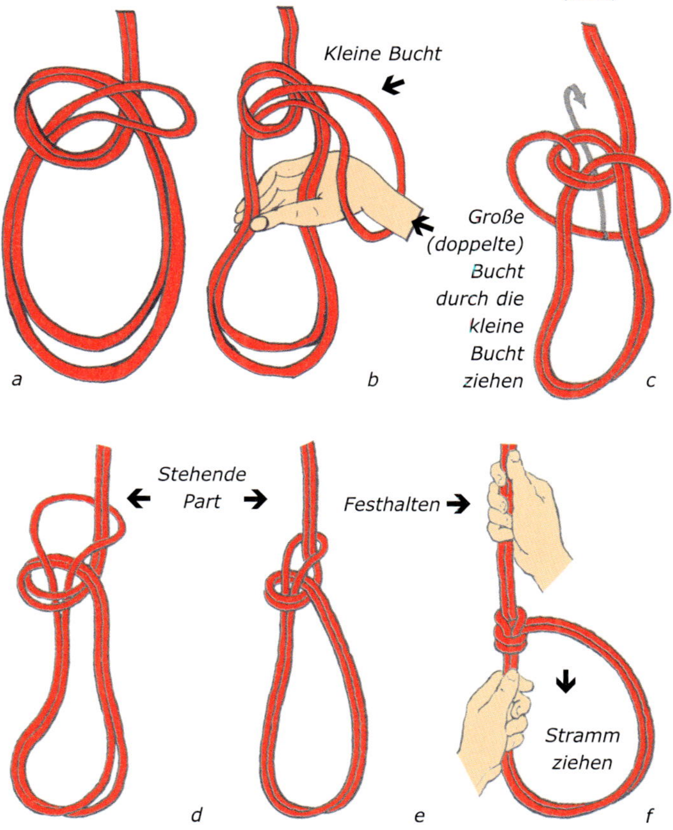

Fischerstek (Englischer Knoten)

Der Fischerstek eignet sich hervorragend zum Verbinden sehr dünner Leinen. Früher war er sehr beliebt um Sinker an Angelschnüre zu binden. Für die rutschigen Nylonangelschnüre heutzutage sollte er aber nicht mehr verwendet werden.

Bergsteiger benutzen diesen Knoten, um Taue zu verbinden. Er ist recht einfach anzufertigen.

Mit Hilfe des Fischerknotens kann man auch Griffschlaufen an Kanus anbringen.

☺ Der Knoten ist haltbarer, wenn er gegen den Schlag gebunden wird.

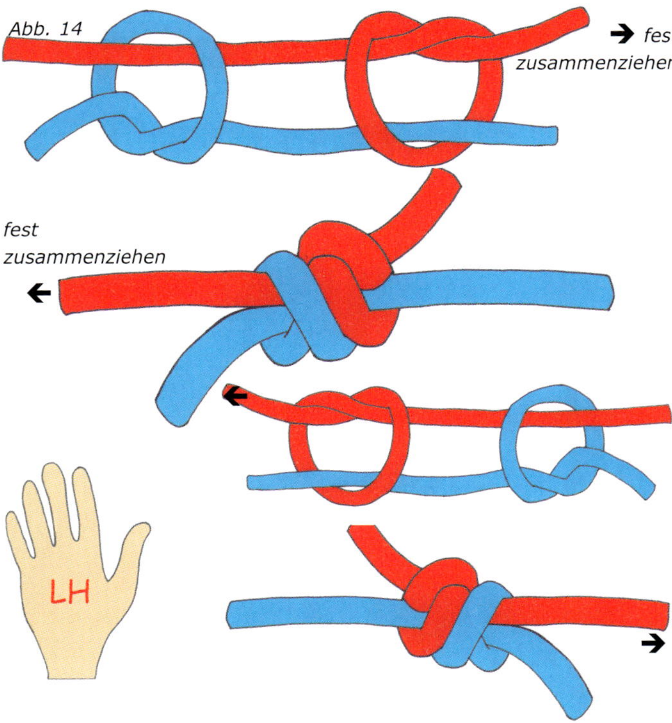

✓ Webeleinenstek

Um Boote mit einer Muring (Vorrichtung zum Verankern mit zwei Ankern) und Segelleinen zu befestigen, ist der Webeleinenstek ein guter Knoten. Auch viele Laschings und der Diamantstek beginnen mit diesem einfachen Knoten.

(☞ Abb. 15c). Mit ihm befestigt man eine Leine an Ringen, Stangen oder Pollern. Er ist ein einfacher Knoten, der gut hält, sich aber lösen kann, wenn er nicht ständig belastet wird. Deshalb sollte er mit zwei halben Schlägen gesichert werden.

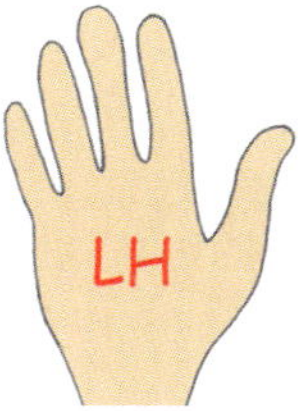

Abb. 15

a

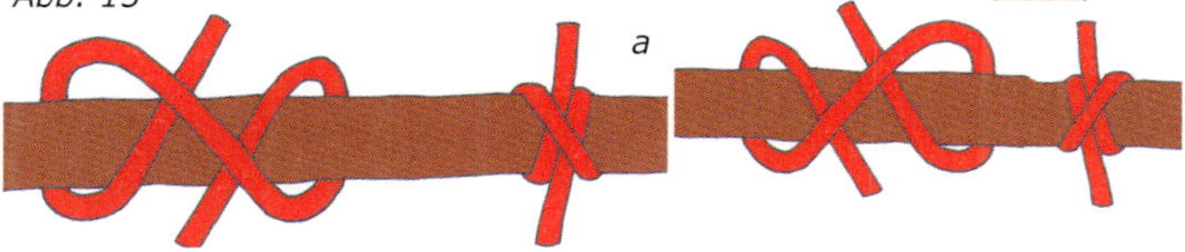

Wenden Sie diese einfache Methode an, um einen Webeleinenknoten an einem senkrechten Pfahl zu befestigen.

b

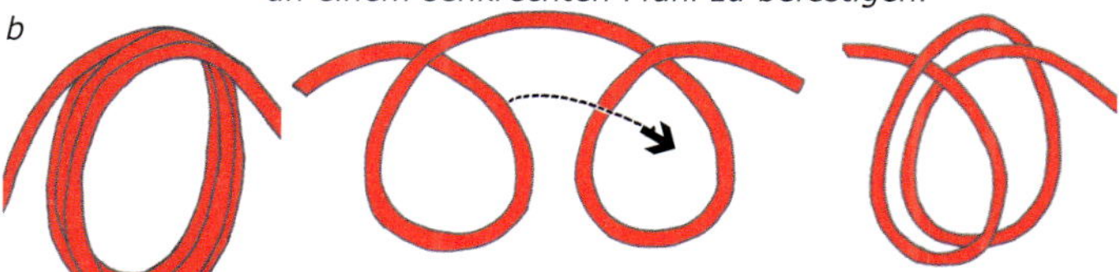

c

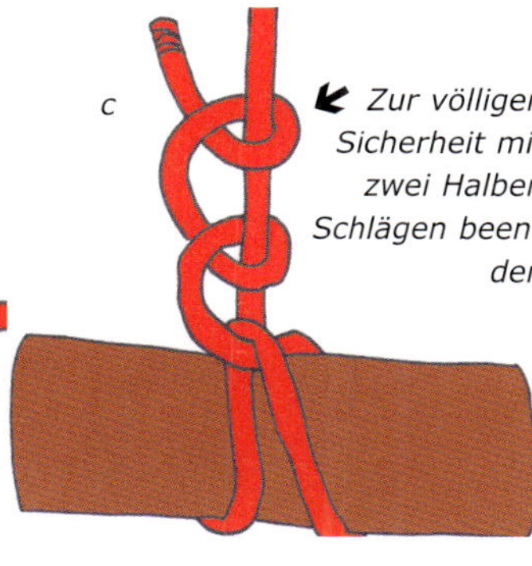

Zur völligen Sicherheit mit zwei Halben Schlägen beenden

Diamantstek

Pelzhändler, Goldsucher und Trapper haben diesen Knoten jahrelang verwendet, um ihr Gepäck auf den Maultieren zu befestigen. Heute wird der Diamantstek oft benutzt um z.B. Koffer auf dem Dachgepäckträger oder Anhänger zu sichern.

Das Gute an dieser Verschnürung ist, dass die Spannung sich fortsetzt und dazu führt, dass die ganze Verschnürung sich strafft. Daher ist diese Verschnürung auch bei rutschender Ladung sicher.

Abb. 16

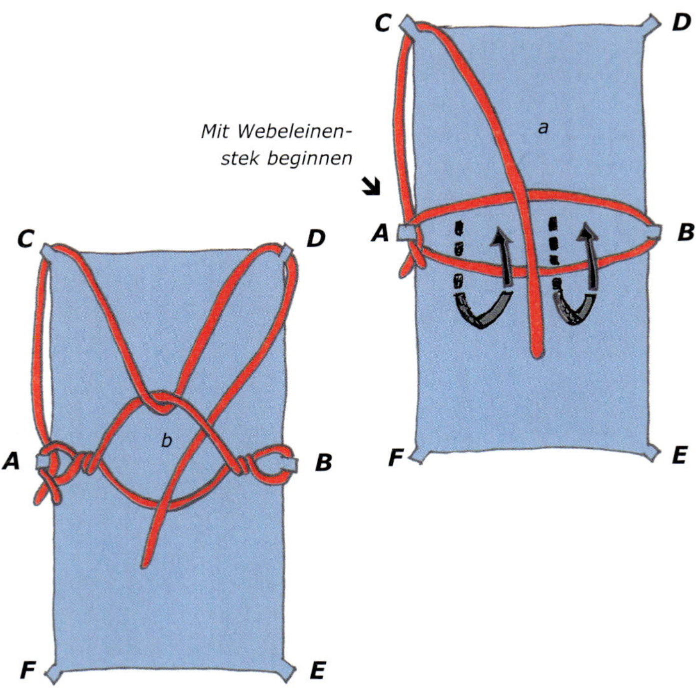

Um einen Diamantknoten um ein Gepäckstück zu schnüren, beginnt man damit, das Seil an einem Punkt A mit einem Webeleinenknoten zu fixieren. Dann führt man das Tau über B und C.

Anschließend verdreht man die mittleren Schnüre ein paar Mal, führt den Tampen in der abgebildeten Weise hindurch und über die Eckpunkte des Rahmens. Dann zieht man ihn fest und befestigt den Tampen mit zwei Halben Schlägen am Ausgangspunkt.

☺ Beim Beladen eines Packtieres beginnt man die Verschnürung am Bauchriemen. Die "Diamantform" in der Mitte erscheint dann größer.

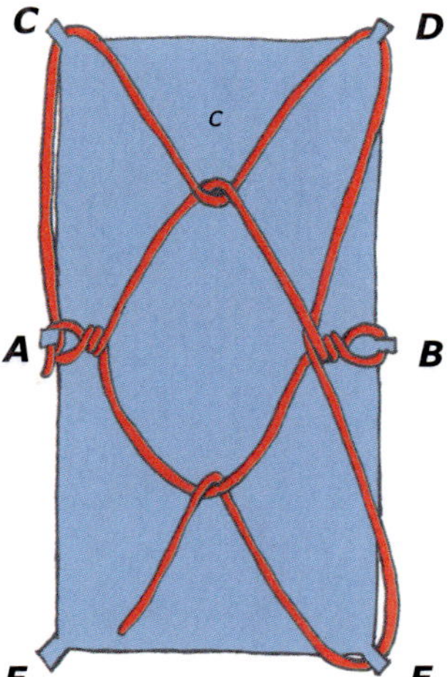

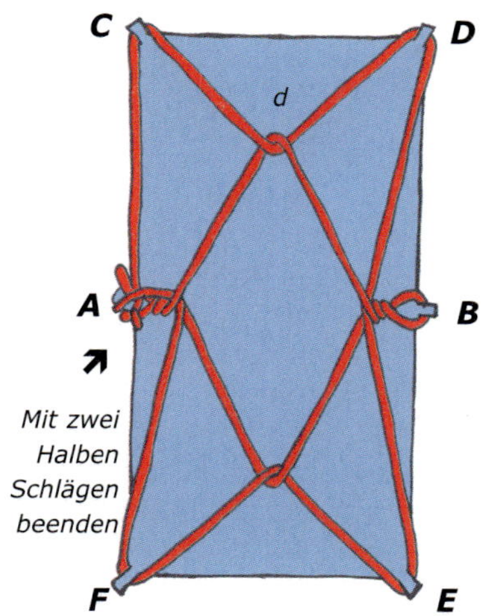

Achtknoten (am Ende)

Er funktioniert wie ein Überhandknoten (☞ Abb. 30), hat aber mehr Körper (☞ Abb. 17a). Der Achtknoten dient als Stopperknoten. Er wird auf das Ende gesteckt um ein ausrauschen (durchrutschen) aus Blöcken (Rollen) oder Ösen zu verhindern.

Man kann aus dem Achtknoten einen Laufknoten zum Verschnüren von Paketen machen. Dann heißt er Packer- oder Paketknoten (☞ Abb. 17b).

Abb. 17

Achter Buchtknoten

Dieser Knoten ist selbst bei einem steifen Seil verhältnismäßig einfach zu binden. Er ist vielseitig einsetzbar und wird von Kletterern häufig benutzt um ein Seil an einem Karabiner zu befestigen. Er ist eine Art Palstek, leicht zu machen und sehr fest, auch bei rutschigem Kunststofftau. Also, um schnell eine nichtlaufende Bucht mitten im Tau zu bekommen, ist der Achter Buchtknoten sehr viel besser als der Doppelte Palstek. Er ist sogar bei dünnen Seilen gut zu machen. Der Nachteil dieser Schlaufe ist, dass Sie kaum zu verändern ist und sich nach einer starken Belastung kaum noch lösen lässt.

Bei dünner Schnur ideal; bei dickerem Tau ist der Palstek auf jeden Fall die bessere Lösung.

Abb. 18

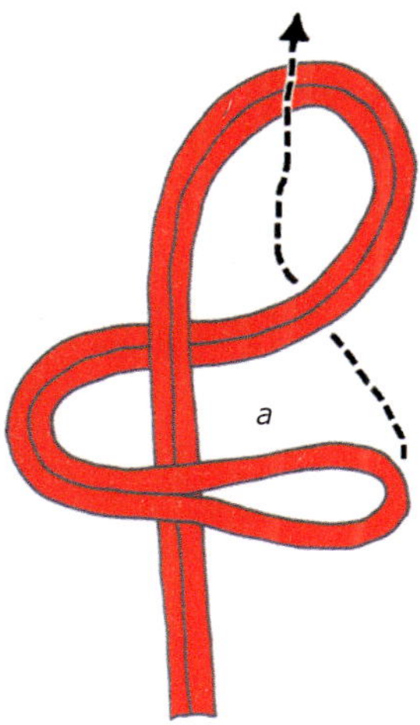

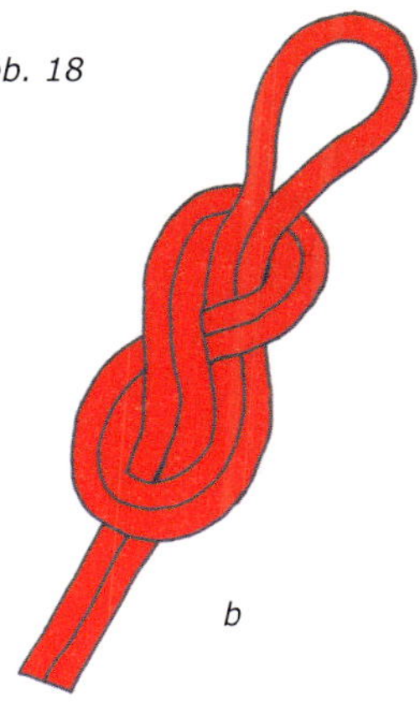

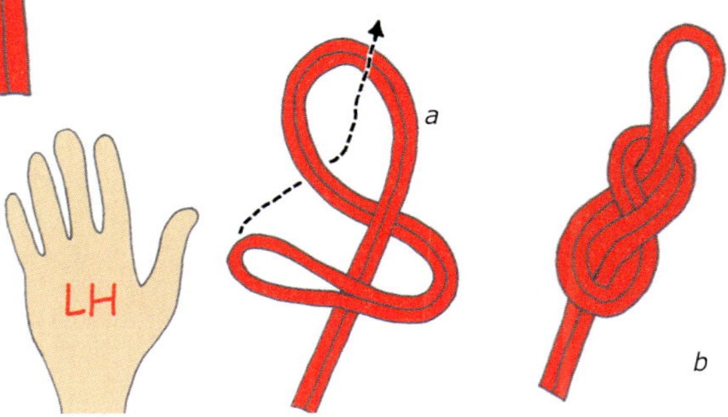

✓ Einfachschleife

Abb. 19

Sieht aus wie ein Slipstek, ist aber keiner. Die Einfachschleife ist unter Last fest, löst sich aber sofort, wenn man am Seil zieht.

Man kann sie als Laufknoten lose binden oder an irgendeiner Stelle des Taus festziehen, wo man zum Lösen leicht hinreichen kann (ohne vom Pferd oder aus dem Boot zu steigen). Ein guter und viel gebrauchter Knoten, den man lernen sollte.

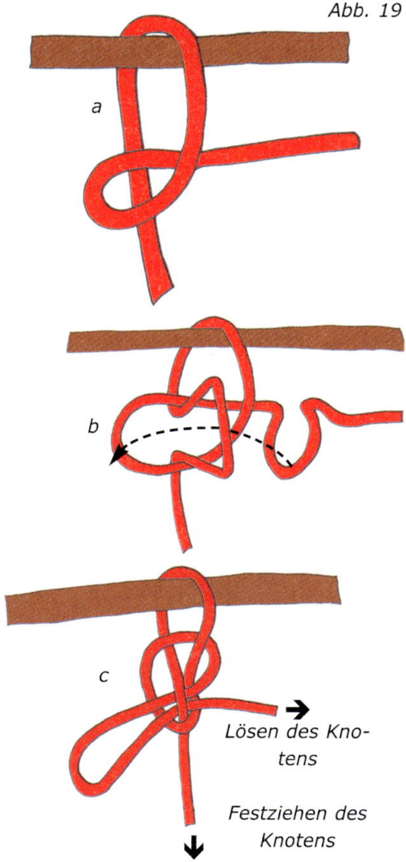

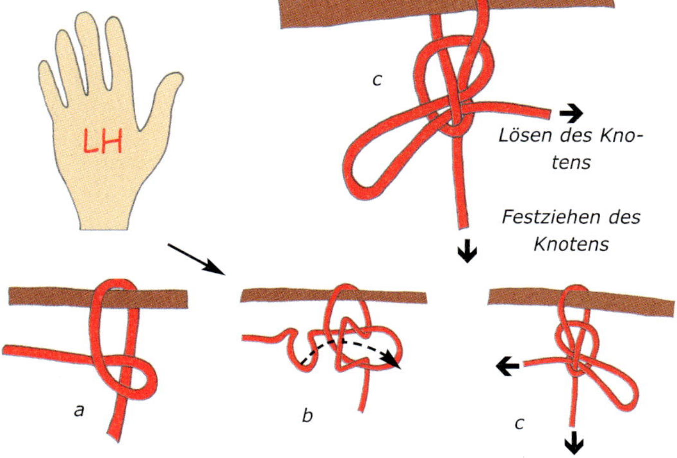

Marlschlag

Seit Jahrhunderten wird der Marlschlag von Seeleuten zum Verpacken ihrer Hängematten benutzt. Sehr praktisch zum Verschnüren von Bettrollen, Paketen oder Teppichrollen.

Wichtig ist, dass das Seil unter der Wicklung läuft. Anders herum hält die Verschnürung nicht.

Abb. 20

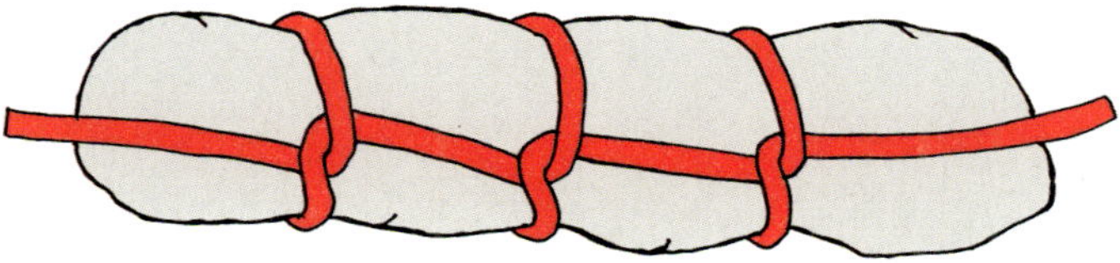

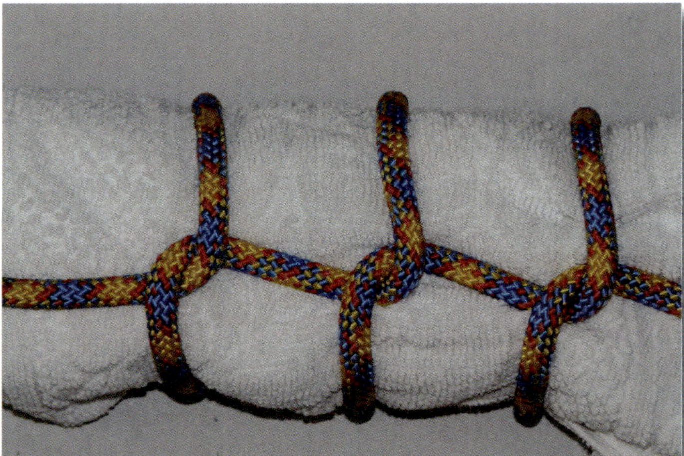

Halber Schlag, zwei Halbe Schläge

Abb. 21

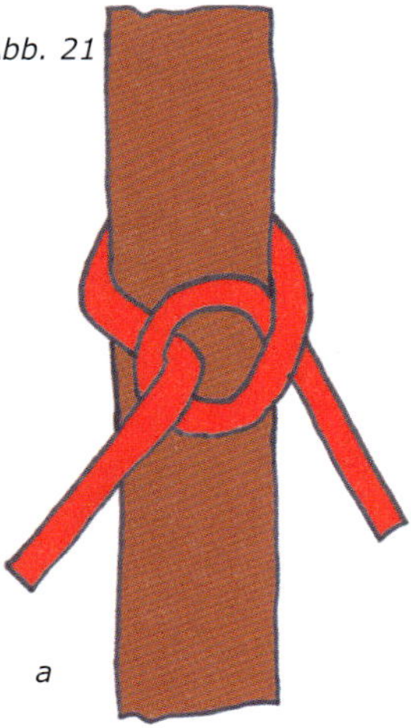

Halber Schlag

Mit dem Halben Schlag (☞ Abb. 21a) kann man ein Tau an einem Baum festknoten. Um ein Boot oder ein Pferd anzubinden sollten Sie besser zwei Halbe Schläge verwenden. Segler befestigen mitunter den Webeleinenknoten zusätzlich mit ein oder zwei Halben Schlägen, um absolute Sicherheit zu erzielen.

Wichtig ist, dass beide Halbschläge (☞ Abb. 21b) wie beschrieben in gleicher Richtung ausgeführt werden, also beide rechts- oder beide links herum.

Zwei Halbe Schläge

Tampen wie bei einer Schleife durch die Bucht zurückziehen, um den Knoten schnell lösen zu können.

Halber Schlag mit Slipstek und Rundtörn

Slipstek, Halber Schlag und ein Rundtörn

Schnellste und stabilste Methode, ein Boot oder Pferd an einem Pfahl oder Ring anzubinden. Der Rundtörn nimmt die meiste Spannung auf, so dass sich die Knoten leicht wieder lösen lassen. Noch besser ist es, den zweiten Halben Schlag durch einen Slipstek zu ersetzen (☞ Abbildung 21c).

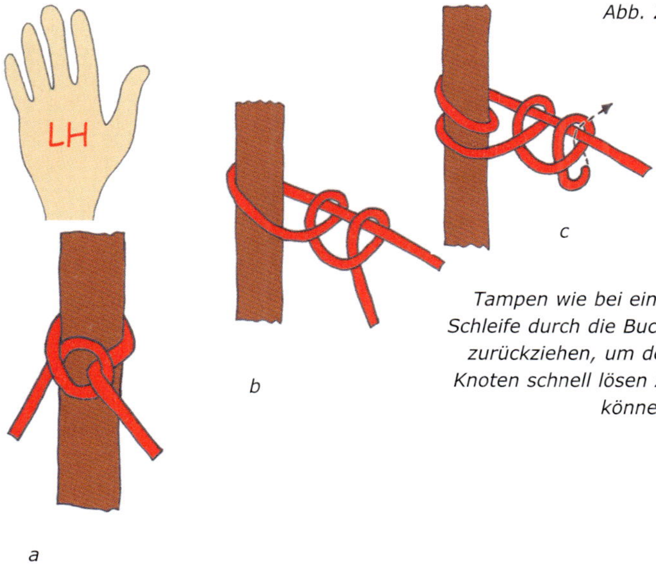

Abb. 21

Tampen wie bei einer Schleife durch die Bucht zurückziehen, um den Knoten schnell lösen zu können.

Hakenstek

Abb. 22

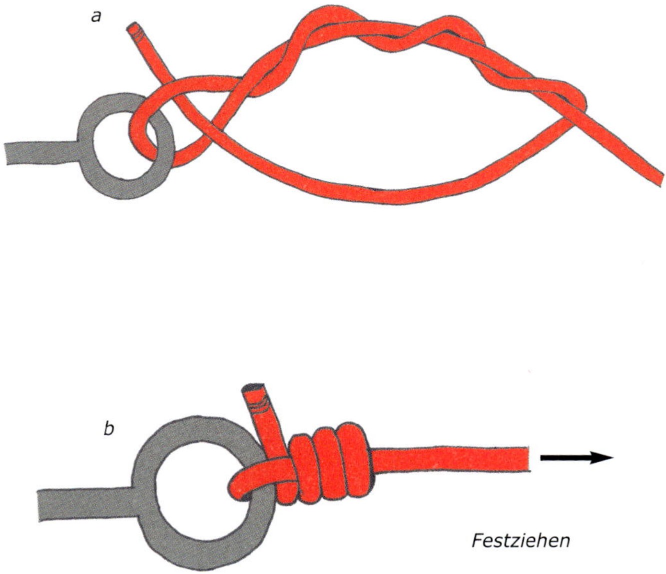

Ein guter Knoten, um Blinker an Nylonangelschnüre zu binden. Er hält gut und lässt sich sogar mit klammen Fingern noch recht gut binden, Festigkeit ca. 80 %, von DuPont für alle Nylonangelschnüre empfohlen.

Ringstropp

Mit diesem Knoten kann man eine absolut sichere, rutschfeste Schlinge an einem straffen Tau anbringen. Er wird von Bergsteigern zum Klettern an einem senkrechten Seil benutzt. Ohne Last kann man den Knoten an einem straffen Tau schieben; sobald er belastet wird, ist er absolut fest.

Abb. 23

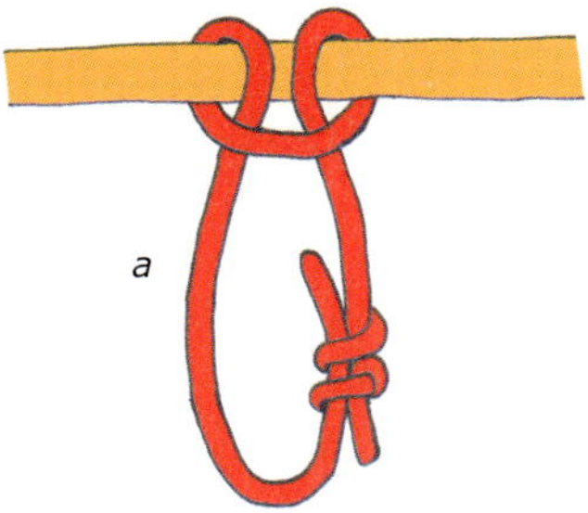

a

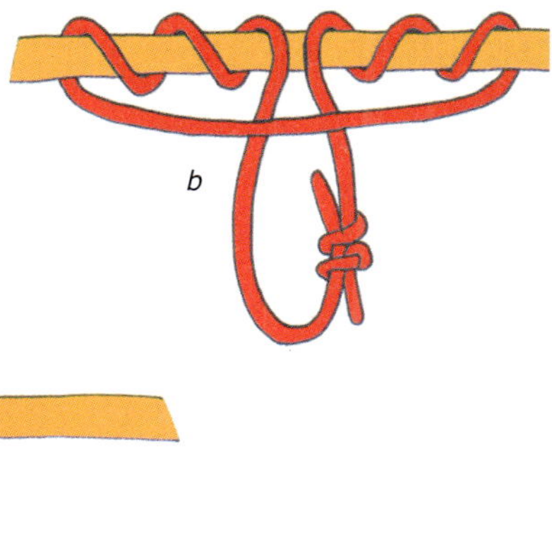

b

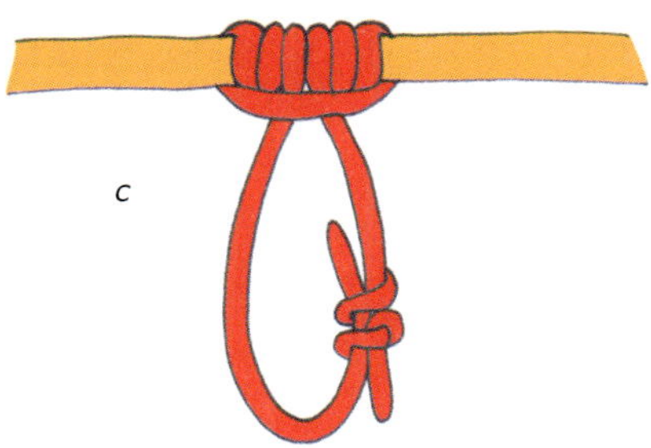

c

Maurerknoten

Um einen offenen Sack zuzubinden, ist der Maurerknoten, ähnlich wie der Webeleinenstek, ideal. Beim ersten Schlag über dem Zeigefinger, beim zweiten darunter bleiben. Dann das Seil fassen (☞ Abb. 24b) und durch die obere Schlinge festziehen. Zum leichteren Öffnen mit einem Slipstek abschließen.

Abb. 24

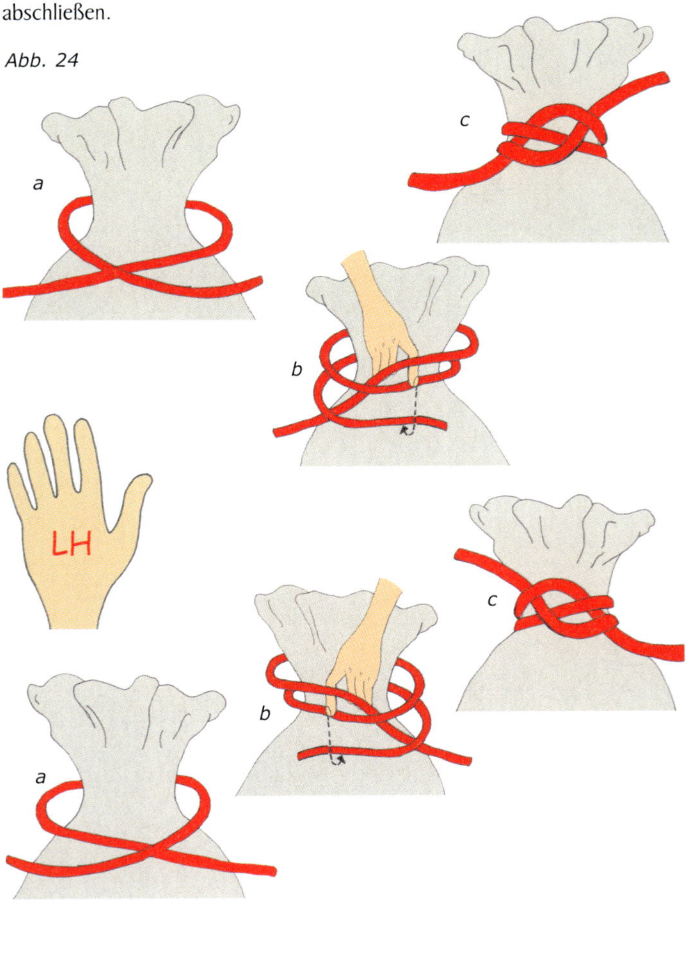

Balkenstek

Dieser einfache Knoten eignet sich besonders, um einen Pfahl oder ein Rohr senkrecht zu heben oder zu ziehen. Selbst auf einem Metallrohr rutscht der Knoten nicht.

Einfach vier oder fünf Schlingen um das Rohr schlagen, die Wicklungen verdrehen und mit zwei Halben Schlägen sichern.

Am oberen Ende ebenfalls mit einem Halben Schlag sichern, um den Pfahl oder das Rohr beim Ziehen senkrecht zu halten.

Abb. 25

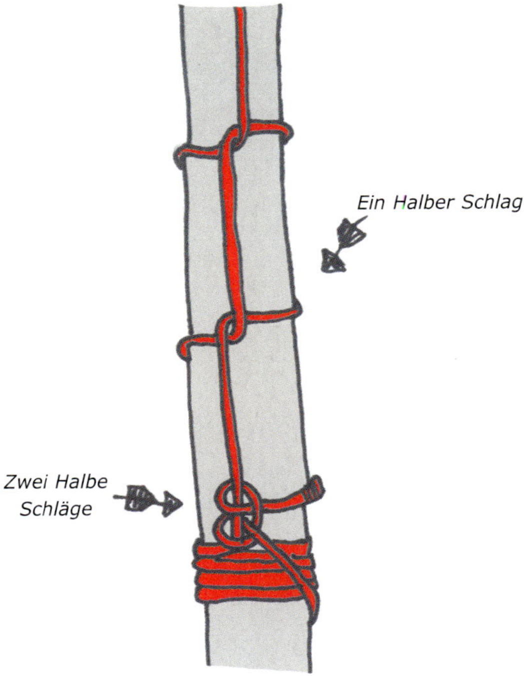

✓ Kraftzug (Truckerknoten)

Abb. 26

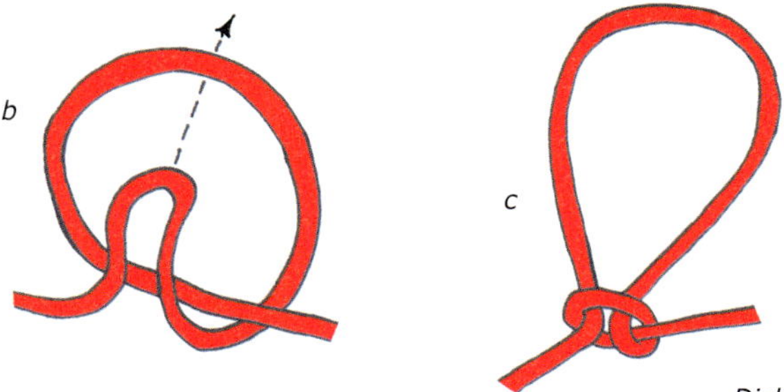

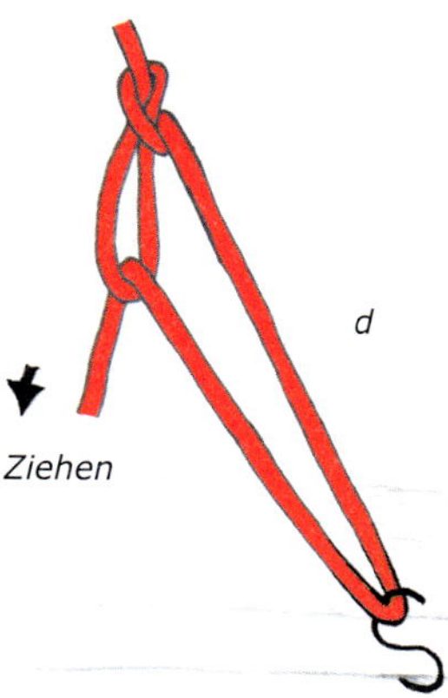

Stellen Sie sich eine schlechte Straße vor, die mit jedem Meter matschiger wird. Jetzt heißt es, Geschwindigkeit beibehalten, um nicht stecken zu bleiben. Und dann passiert es doch, die Räder stecken bis zur Achse im zähen Schlamm und drehen jaulend durch. Sie haben eine Schaufel zur Verfügung, 2 m Nylonseil (10 mm) und vier Paar kräftige Arme. Damit muss der Wagen wieder freikommen.

Zunächst schaufeln Sie den Matsch unter dem Auto hervor. Dann nehmen Sie das

e

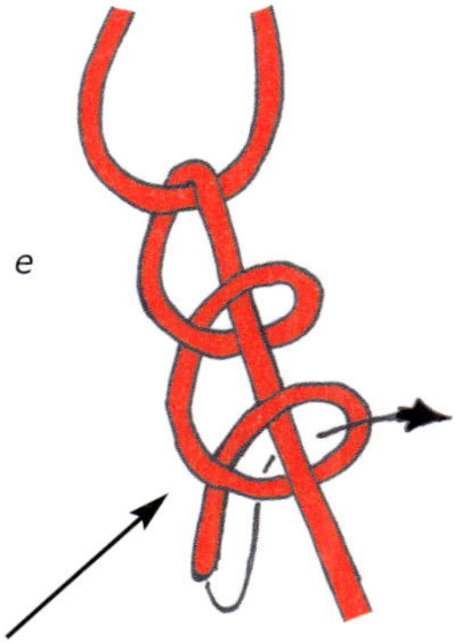

Zwei Halbe Schläge

Seil und knoten ein Ende an den Wagen, das andere mit einem Kraftzug an einen kräftigen Baum. 30 cm vor dem Wagen beginnt fester Boden, weiter müssen Sie ihn nicht ziehen. Schon nach wenigen Sekunden kraftvollen Einsatzes an dem selbst gebauten Zug gleiten die Räder aus der Senke wie ein Kuchen aus der Form.

f

Mit Halben Schlägen um ein oder beide Enden sichern

Der Kraftzug ist wohl eine der besten Erfindungen der letzten Jahre. Man kann damit ohne weiteres den Topsegelschotstek ersetzen, um einen kraftvollen Zug zu konstruieren. Kanuten binden Kanus aufs Autodach, Trucker sichern damit schwere Ladung. Kurz, dieser Knoten ist immer einsetzbar, wenn etwas fest auf einem Autodach oder Anhänger verzurrt werden muss.

Man beginnt mit einem Überhandknoten (☞ Abb. 26a). Bucht durchziehen (☞ Abb. 26b). Wichtig: genauso anfangen, anders herum sieht der Knoten auch okay aus, funktioniert aber nicht.

Wenn Sie etwas auf einem Autodach festbinden wollen, führen Sie den Tampen durch einen Haken an der Stoßstange (☞ Abb. 26d). Dichtholen, mit ein oder zwei Halben Schlägen (☞ Abb. 26e) oder, zum raschen Lösen, mit einem Slipstek (☞ Abb. 26f) sichern.

Als Mehrfachzug

Um noch mehr Kraft aufzubringen, z.B. in der beschriebenen Situation, kann man mit dem Tampen eine weitere Bucht formen und einen doppelten Zug herstellen (☞ Abb. 26g). Das vergrößert den Hebel und damit die Leistung des Zuges, steigert aber auch die Reibung. Dieser sog. Z-Zug (benannt nach der Form in der Draufsicht) wurde zuerst für Rettungsmaßnahmen (allerdings mit Alu-Karabinern statt Tauschlingen) eingesetzt. Meist kommt man mit dem einfachen Zug aus. Dies ist einer der sinnvollsten Knoten überhaupt.

Abb. 26

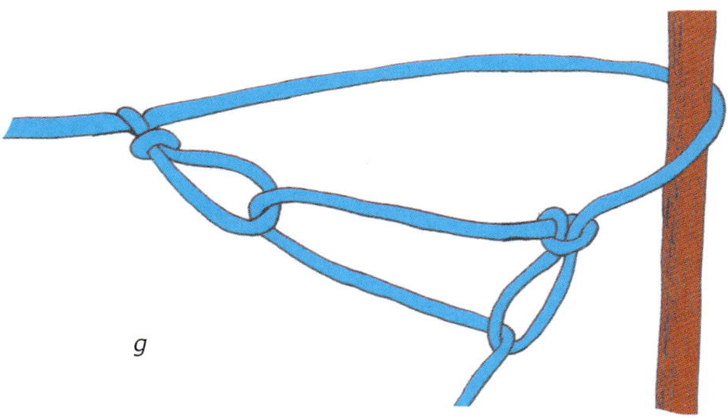

g

Als Mehrfachzug

Lange Trompete

Wenn Sie ein defektes Seil haben, werden Sie irgendwann dazu kommen, es zu reparieren - doch zunächst muss es so benutzt werden. Die lange Trompete - ein alter Knoten, den Seeleute schon immer zum Verkürzen von Seilen verwandten - hält nur sicher, wenn beide Enden belastet werden, und auch dann kann man sich nicht ganz darauf verlassen. Daher sichert man die Enden am besten mit einem kurzen Stock.

Abb. 27

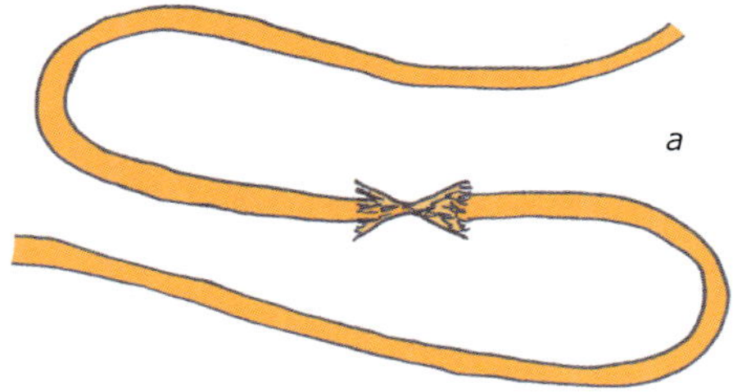

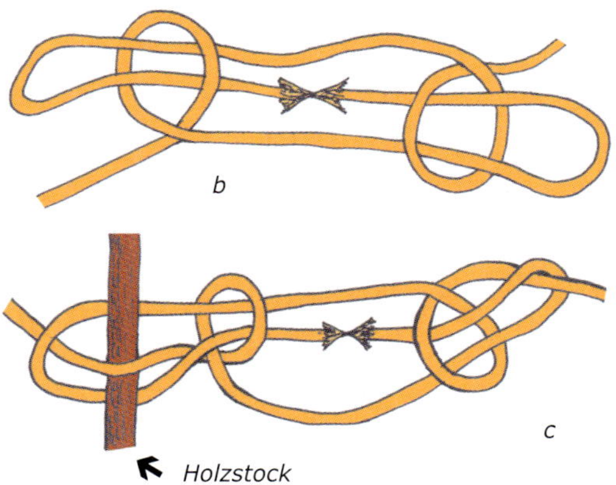

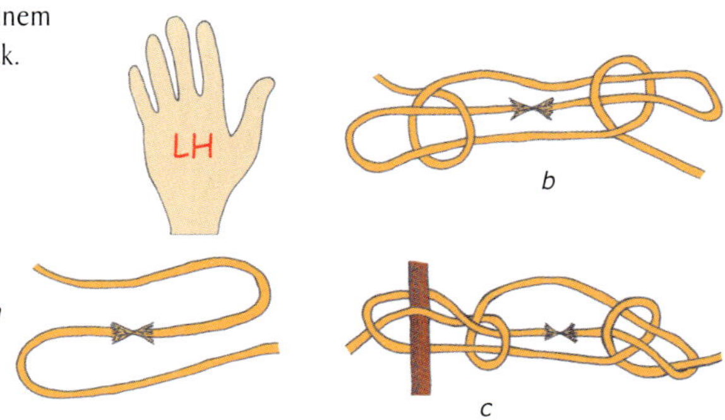

Slipstek

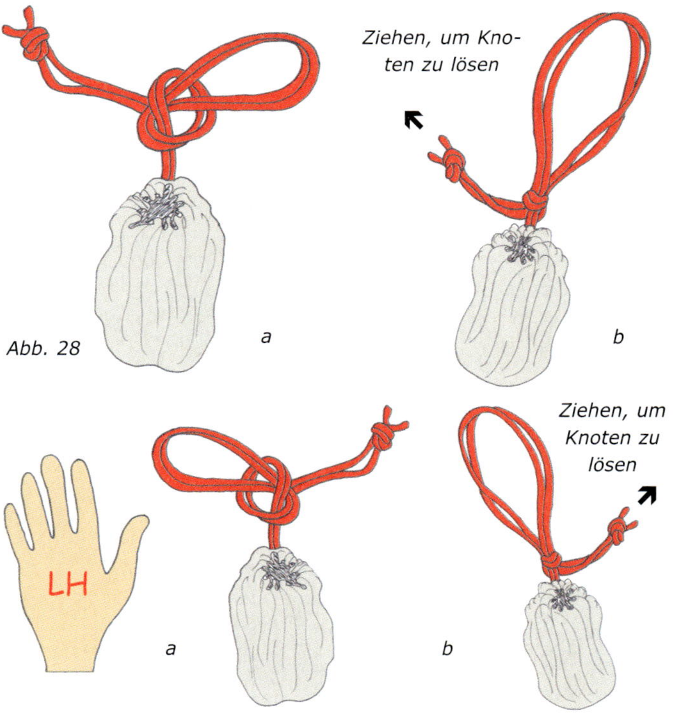

Abb. 28

Kaum etwas ist frustrierender, als beim morgendlichen Zeltabbau erst einmal -zig Knoten auseinander fummeln zu müssen. Sichert man allerdings seine Knoten mit einem Slipstek, kann man sie mit einer einzigen Bewegung lösen. Dazu zieht man einfach eine Bucht durch den fertigen Knoten, anstatt den Tampen ganz hindurchzuziehen, ähnlich wie beim Schleifebinden am Schuh.

Auf diese Art kann man Seesäcke und Beutel mit Schnüren verschließen. Natürlich kann man auch entsprechende Stopper im Laden kaufen, aber das ist was für Leute, die keinen Slipstek binden können.

✓ Einfacher Schotstek/Doppelter Schotstek/ Schotstek mit Slip

Soll der Knoten schnell zu lösen sein, schließt man mit einem Slipstek ab (☞ Abb. 29b).

Bei besonders rutschigen Plastiktauen benutzt man zur größeren Sicherheit einen doppelten Schotstek: im Prinzip wie der einfache, aber mit einem extra Dreh um die stehende Bucht (☞ Abb. 29c).

Der Schotstek und der doppelte Schotstek verbinden zwei ungleich starke Enden, hierbei ist es wichtig dass beide Tauenden auf einer Seite liegen. Obwohl der doppelte Schotstek zuverlässiger ist, sollte man beide Knoten nicht verwenden, wenn sie wechselnden Belastungen ausgesetzt sind. In der Praxis verwendet man sie fast ausschließlich zum Anstecken einer Wurfleine an das Ende eines schweren Festmachers.

Abb. 29

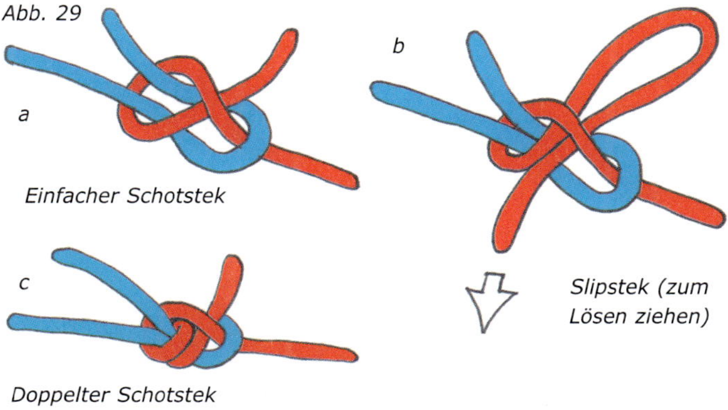

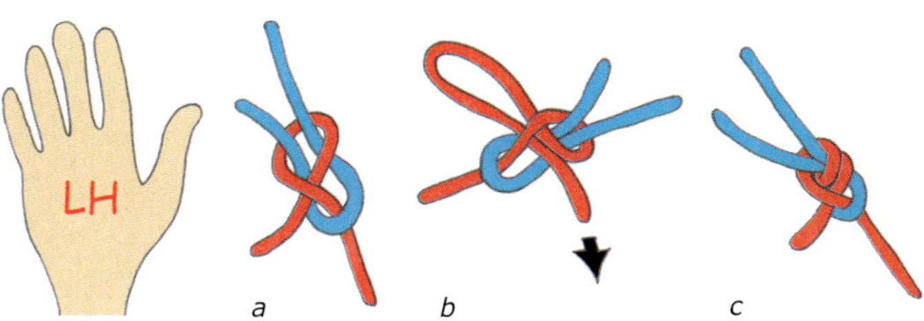

Gurtknoten (Fischerstek)

Kein eigentlicher Knoten, aber sehr brauchbar, um Gurte zu verbinden oder zu verlängern. Besteht aus zwei einfachen, gegeneinander gebundenen Halben Schlägen.

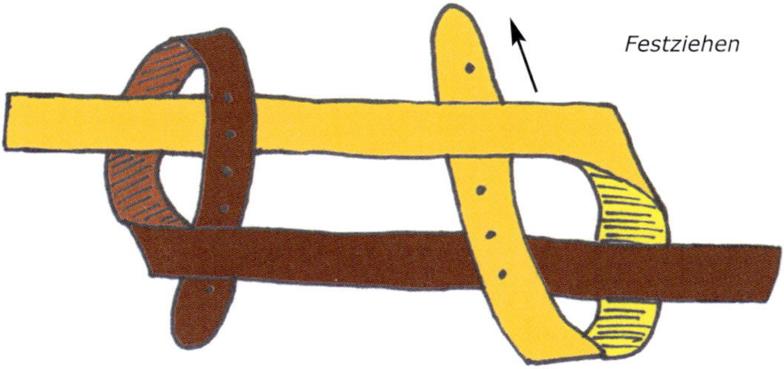

✓ Überhandknoten

Dies ist der einfachste Knoten überhaupt. Er ist die Vorstufe zu der schon im Vorschulalter erlernten Schleife zum Zubinden von Schuhen und zum Kreuzknoten (☞ Abb. 32).

Abb. 30

Blutknoten

Eine gute Methode, um zwei Taue zu verbinden. Ähnlich aufgebaut wie der Fischerstek hat der Blutknoten nur ein paar Schlingen mehr und ist daher besonders bei rutschigen Tauen sicherer.

Seile parallel legen, dann mit dem einen Seil drei oder mehr Schlingen um beide Seile machen. Dann das Seil durch die Schlingen zurückstecken. Nun das gleiche mit dem anderen Ende. Zuletzt beide Knoten festziehen und zusammenschieben.

Abb. 31

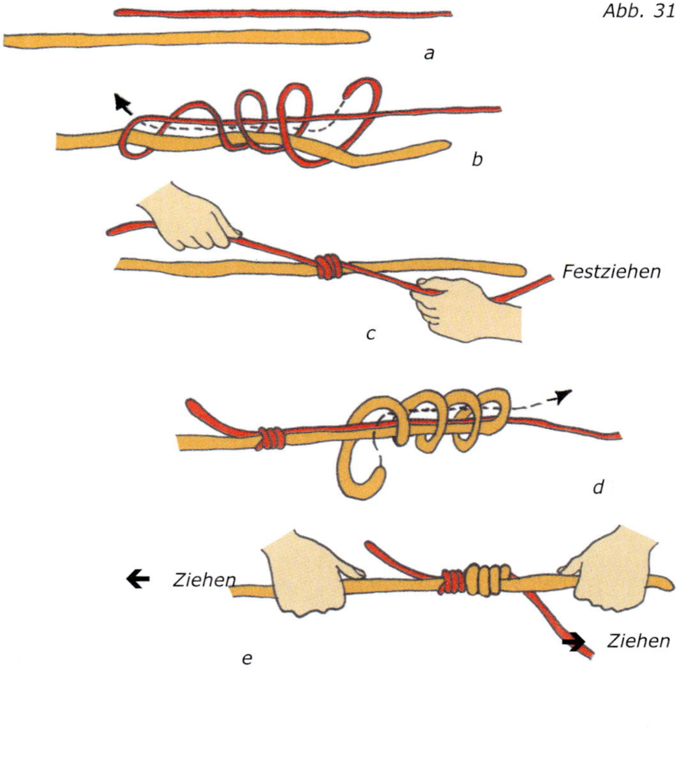

Kreuzknoten

Seit Jahrhunderten verwenden Seeleute diesen Knoten beim Segelreffen und Vertäuen von Gegenständen an Bord. Auch heute wird der Kreuzknoten noch immer für diese Zwecke benutzt, häufiger allerdings für medizinische Packungen und andere Verbände.

Dieser Knoten ist nicht geeignet, Taue zu verbinden, die belastet werden. Unter Zug zieht sich der Knoten zwar zusammen, aber sobald der Zug nachlässt oder nicht gleichmäßig stark bleibt, zieht er sich auf, und es entstehen zwei halbe Schläge. Zum Verbinden von Tauen sollte man den Schotstek, Fischerstek oder Trossenstek (zwei Palsteke) verwenden.

Um einen Kreuzknoten zu machen, muss man zwei Überhandknoten (☞ Abb. 30) gegeneinander knoten, d.h. der erste muss rechts über links (Rechtshändig) und der zweite links über rechts (Linkshändig) gemacht werden.

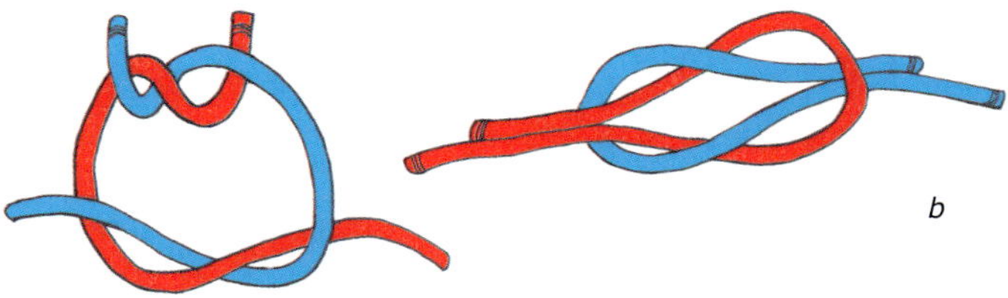

a b

Abb. 32

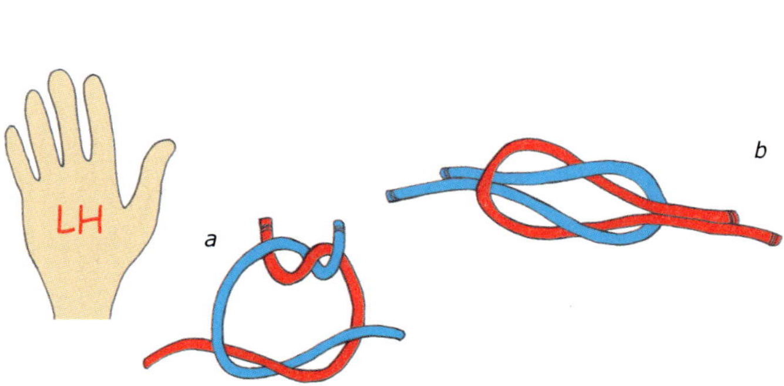

a b

Chirurgenknoten

Dies ist eigentlich ein Kreuzknoten (☞ Abb. 32) mit einer zusätzlichen Schlinge am unteren und evtl. einer zusätzlichen Schlinge am oberen Überhandknoten (☞ Abb. 30). Besonders bei rutschigem Material ist der Chirurgenknoten viel haltbarer als der Kreuzknoten.

Mit diesem Knoten, gesichert durch einen Slipstek, binden viele Kanuten die rutschigen Taillenbänder ihrer Schwimmwesten zusammen.

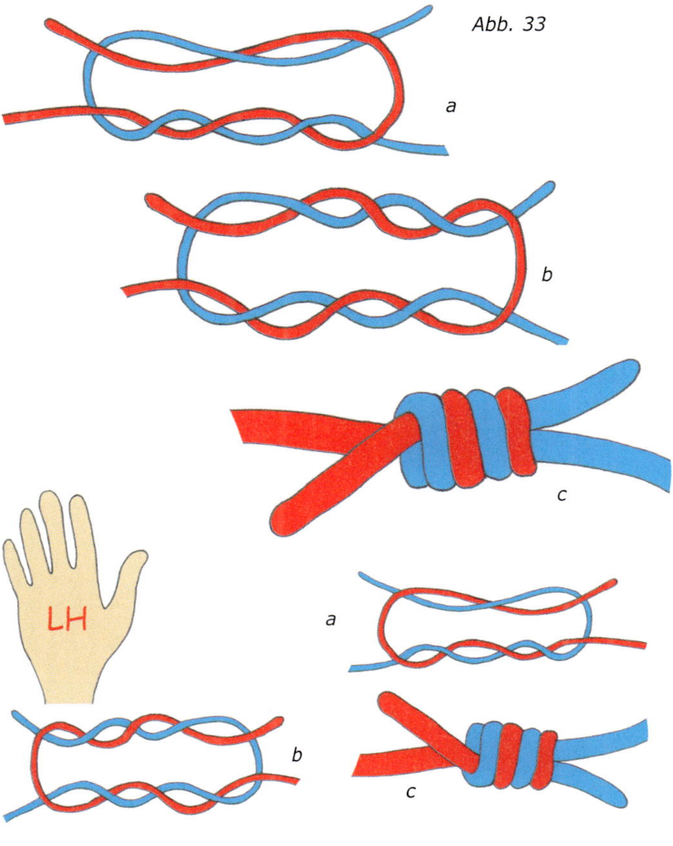

Abb. 33

✓ Zimmermannsstek

Sehr geeignet zum Ziehen von Baumstämmen, Balken, schweren Rohren oder anderen großen Gegenständen. Sehr kräftiger Knoten (ca. 70 %), rutscht nicht und zieht sich auch unter größter Last nicht fest.

Der Knoten lässt sich immer gut lösen. Damit sich der Balken beim Ziehen nicht dreht, sichert man ihn mit einem Halben Schlag am anderen Ende.

Abb. 34

a

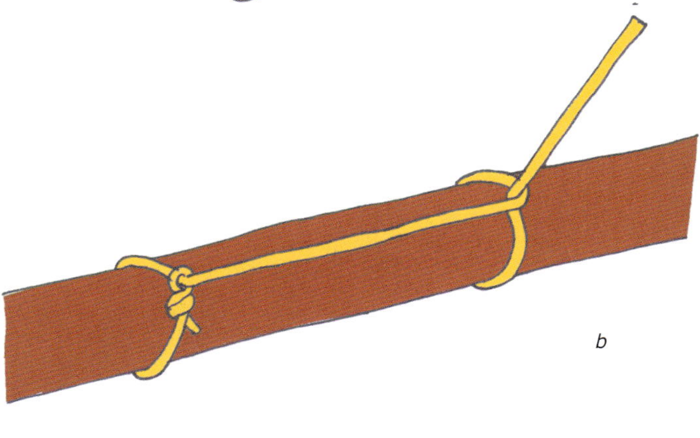

b

Einfacher Schotstek

Doppelter Schotstek

Topsegelschotstek (Doppelter Webeleinenstek)

Von Seeleuten zum Befestigen von Tauen an Sparren benutzt; sehr viel sicherer als der einfache Webeleinenstek, besonders bei Belastung parallel zum Sparren.

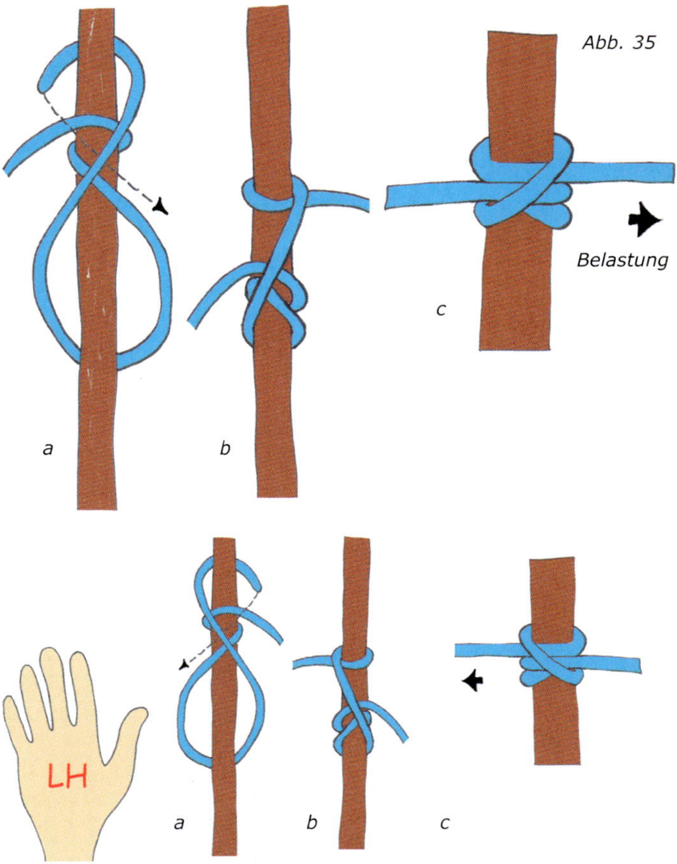

Man kann auch Spannschnüre, also Verbindungsschnüre von Zelt zu Hering etc., gut mit diesem Knoten binden; in diesem Fall wird er Topsegelschotstek genannt (☞ Abb. 35d bis e). Besonders beliebt bei den Pfadfindern beim Zeltbau. Der Knoten lässt sich gut schieben, zieht sich aber unter Last sofort fest.

Der Doppelte Webeleinenstek (☞ Abb. 35a bis c) ist für seinen ursprünglichen Zweck sehr geeignet, der abgewandelte Topsegelschotstek dagegen ist nicht so wirkungsvoll wie der vorher beschriebene Kraftzug (Truckerknoten, ☞ Abb. 26).

d

e

Törns (Anglerknoten)

Ein sehr stabiler Knoten (80 bis 90 % Festigkeit), der dem Schifferknoten ähnelt. Profiangler befestigen mit dem Törns Blinker an Nylonangelschnüren.

Damit der Knoten besser rutscht und weniger Schaden durch Reibung entsteht, sollte man die Schnur vorher anfeuchten.

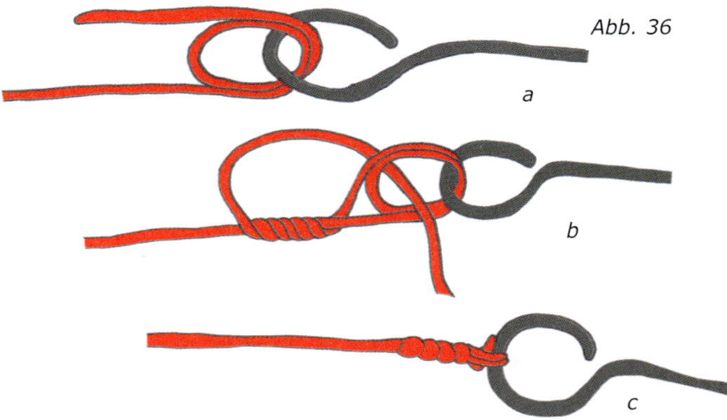

Abb. 36

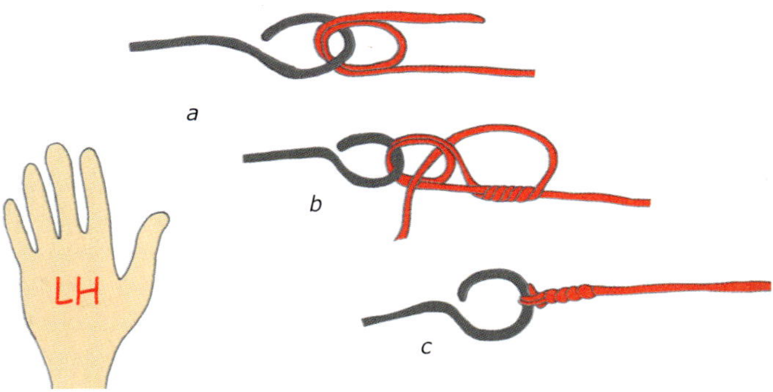

Augenspleiß

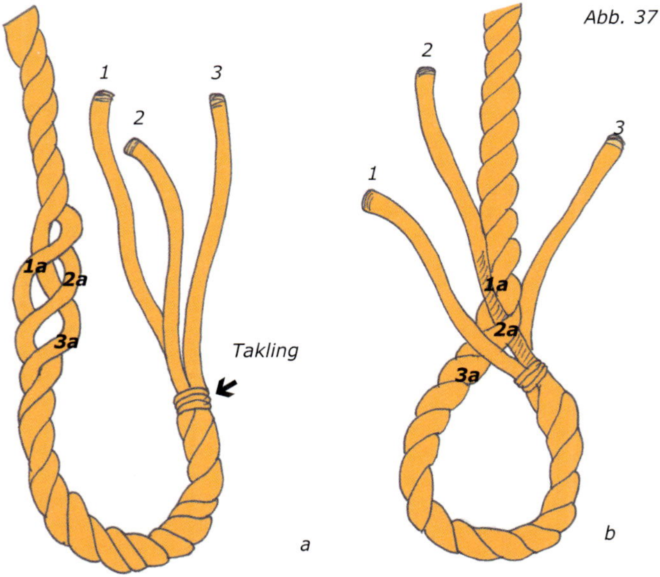

Natürlich kann man am Ende eines Taus mit Hilfe des Palsteks eine Schlinge formen, aber diese Schlinge ist nie so stabil wie ein Augenspleiß. Und natürlich sieht ein ordentlicher, symmetrischer Augenspleiß besser aus als ein dicker Knoten.

Etwa 15 cm vom Ende einen Takling anlegen und Tauende aufdröseln (Kardeele 1, 2 und 3; ☞ Abb. 37a). Ein Auge formen und den Spleiß beginnen, indem man die Kardeele 1, 2 und 3 durch die Rillen der Kardeele 1a, 2a und 3a führt (☞ Abb. 37b). Dabei immer von rechts nach links arbeiten, gegen den Schlag des Taus.

Beim Durchziehen der Kardeele diese im Uhrzeigersinn aufdrehen und gleichmäßig straff halten. So erhält der Spleiß ein glattes und verdrehtes Aussehen. Mit einem spitzen Werkzeug, z.B. einem Marlspieker, kann man die Rillen gut öffnen, um die Kardeele hindurchzuziehen.

Spleiß umdrehen und das Kardeel 3 unter 3a hindurchschieben (☞ Abb. 37d); wiederum umdrehen (☞ Abb. 37e) und wie in der Zeichnung weiterspleißen.

Abb. 37

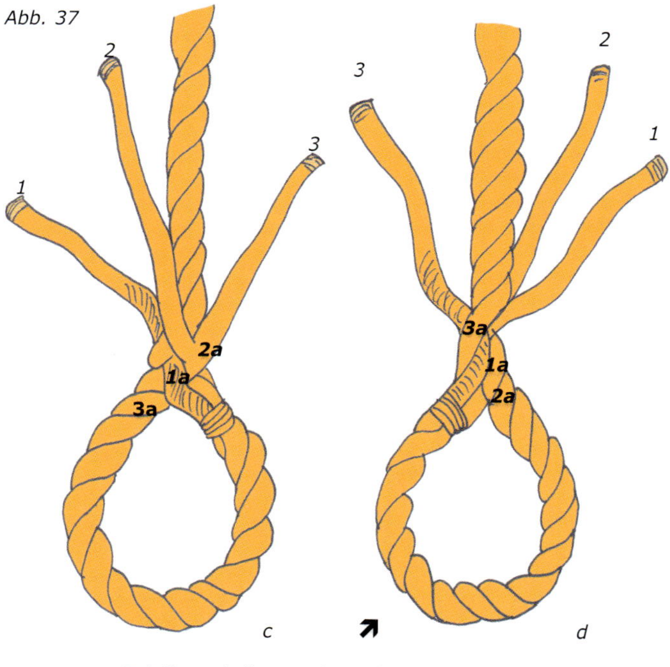

Spleiß umdrehen und von der Rückseite arbeiten

Man kann jetzt weiterspleißen, bis die Kardeelenden verarbeitet sind (die maximale Festigkeit erreicht man mit drei Spleißgängen) - oder Sie schneiden die Enden an unterschiedlichen Stellen ab, das sieht besser aus.

Abb. 37

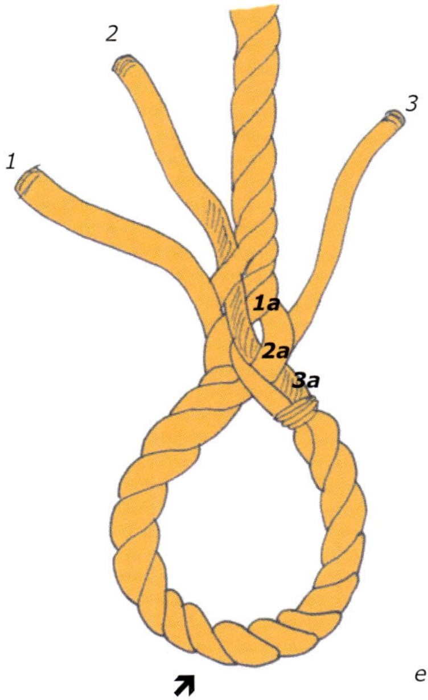

Spleiß umdrehen und von der Rückseite arbeiten

Den fertigen Spleiß zwischen den Händen oder am Boden glattrollen, die vorstehenden Seile (bei synthetischem Tauwerk) abbrennen und nochmals rollen. Den Behelfstakling lösen - fertig ist der Spleiß.

Abb. 37

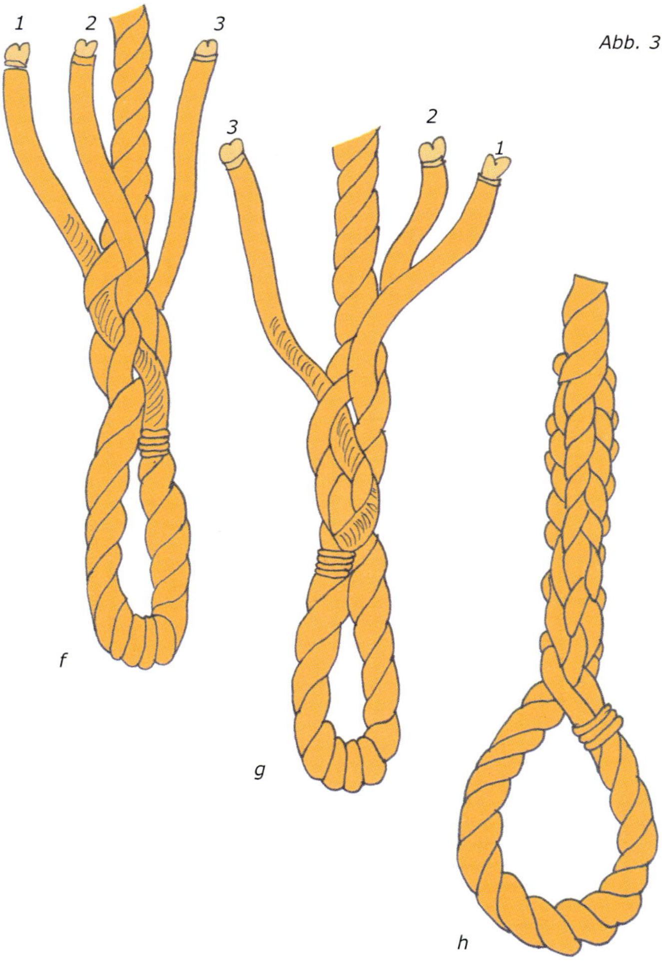

Lasching zum Verbinden eines Dreibeins (Wantbändsel)

So konstruiert man schnell und sicher ein Dreibein als Kamerahalter oder um einen Wassertopf dranzuhängen. Wenn man das Ganze mit einem Slip-Webeleinenstek beendet, kann man es mit einem Zug lösen.

Pfähle auf dem Boden auslegen, zwei in einer Richtung, der dritte entgegengesetzt dazwischen. Am oberen Ende eines der Außenpfähle einen Webeleinen- oder Balkenknoten anbringen, dann sechs bis acht lose Schlingen um alle drei Pfähle machen; zuletzt zwischen den Pfählen je zwei Schlingen wickeln und mit einem Webeleinenstek am Ende des mittleren Pfahls sichern.

Übrigens, Wantbändsel ist die gleiche Verbindung, nur für zwei parallel laufende Pfähle oder Stangen.

Abb. 38

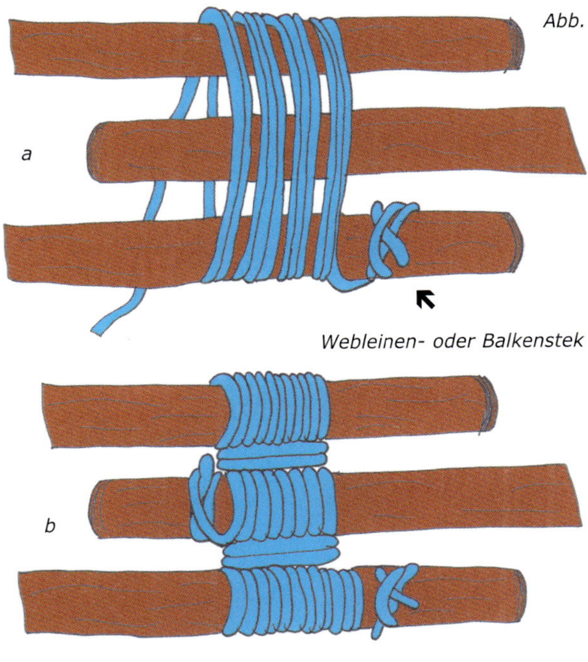

Kurzspleiß

Beste Methode zum Verbinden zweier Taue (nur ca. 10 % Festigkeitsverlust gegenüber unverbundenem Tauwerk). Beide Tampen etwa sechs Umdrehungen weit aufdröseln (☞ Abb. 39a), danach die Kardeele abwechselnd nebeneinander legen (☞ Abb. 39b).

Damit die jeweils passiven Seile nicht stören, klebt man sie mit Klebeband ans Tauwerk oder bindet sie an. Manche Seeleute sichern zusätzlich die Kardeelenden mit Klebeband oder einem Takling, damit sie nicht aufdröseln.

Der Rest ist akademisch: Jeweils jedes Kardeel gegen den Schlag über sein Nachbarkardeel und dann unter das nächste schieben. Auch hier reichen drei bis vier Arbeitsgänge, um maximale Festigkeit zu erreichen, aber man kann den Spleiß natürlich so lang machen, wie man möchte.

Zum Schluss den Spleiß kräftig glatt rollen und die Enden abbrennen (bei synthetischem Tauwerk). Nochmals auf dem Boden oder zwischen den Händen glatt rollen - fertig (☞ Abb. 39d).

Abb. 39

a

Abb. 39

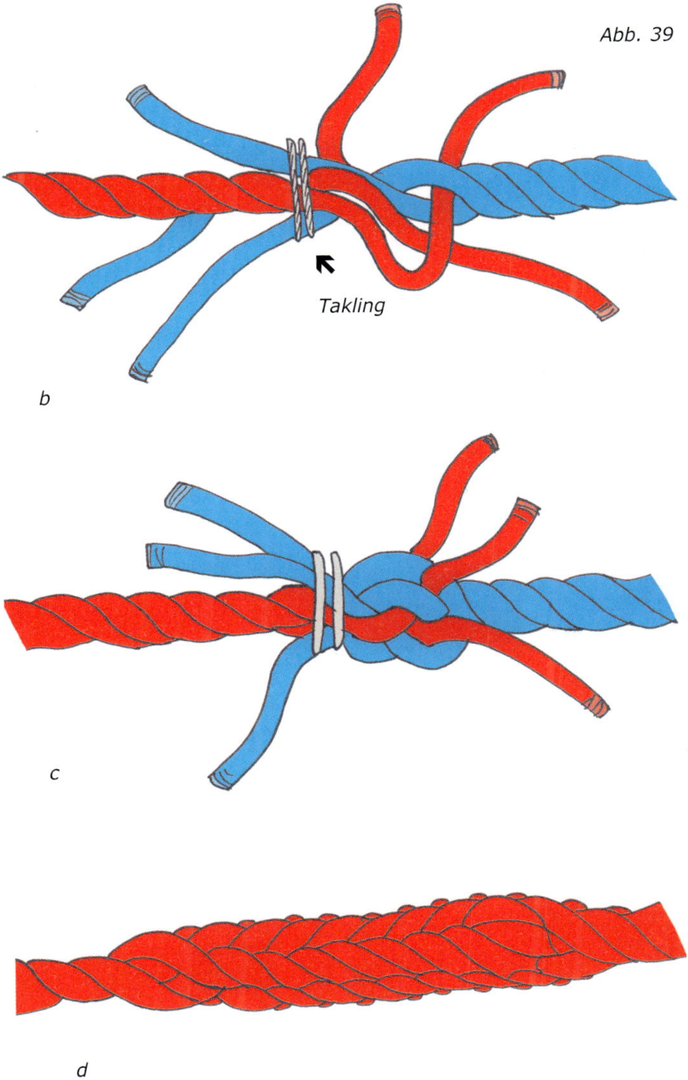

Kreuzfestmacher

Mit diesem Lasching verbindet man zwei Sparren, die sich kreuzen. Man beginnt mit einem Webeleinenstek oder einem Zimmermannsknoten um den senkrechten Sparren direkt unterhalb des Kreuzungspunktes A. Tampen vor dem waagerechten Sparren entlangführen, hinter dem senkrechten hindurch, dann vor dem waagerechten wieder nach unten.

Abb. 40

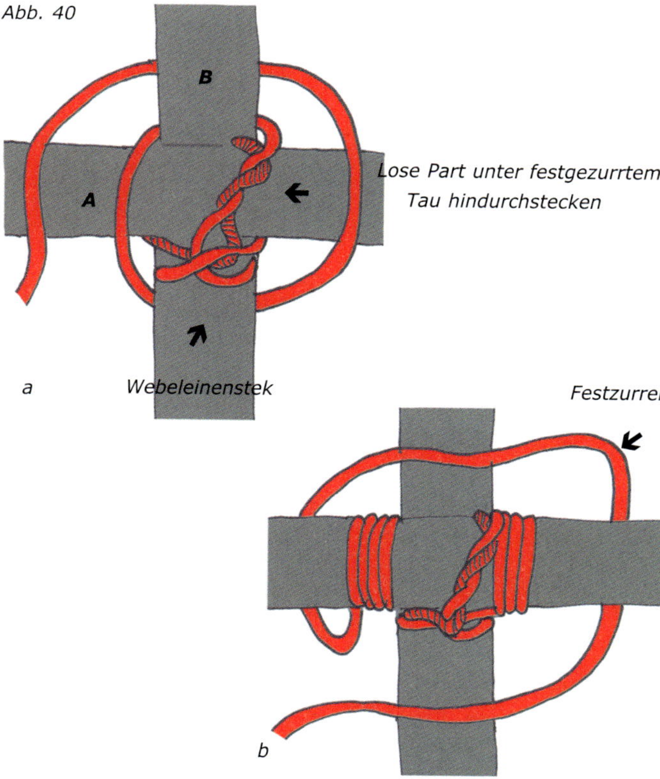

Dichtholen, dann Tampen hinter dem senkrechten Sparren nach rechts vor dem waagerechten entlangführen. Das ganze drei- bis vier Mal wiederholen.

Mit einem Viereckfestmacher straffen (☞ Abb. 40c), mit einem Webeleinenstek am Quersparren sichern.

Abb. 40

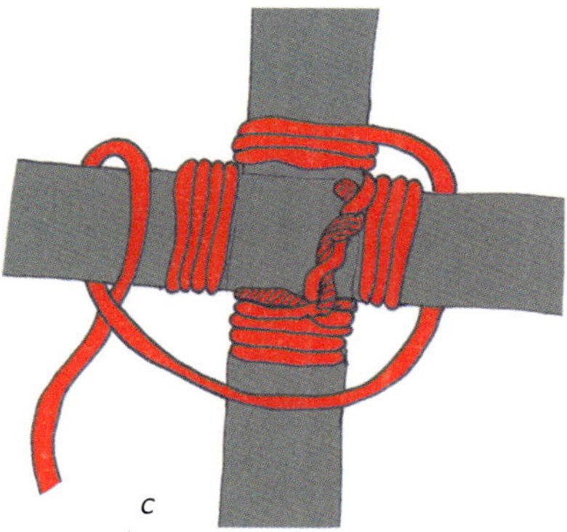

c

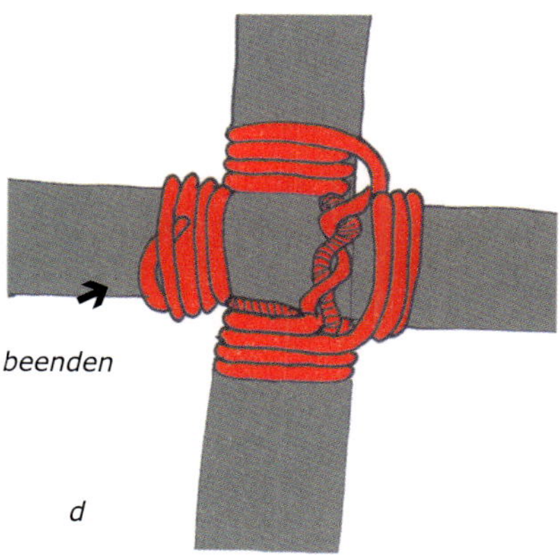

d

Kleiner Krawattenknoten

Krawatten sind reine Accessoires und haben eigentlich keine praktische Funktion, zum Tragen in den "Great Outdoors" sind sie deshalb völlig ungeeignet.

Nicht immer jedoch sind Outdoorer "draußen", sondern leben ein ganz normales Leben. Einige dieser "Gentleman-Outdoorer" regten deshalb die Aufnahme von Schlipsknoten in dieses OutdoorHandbuch an.

Abb. 41

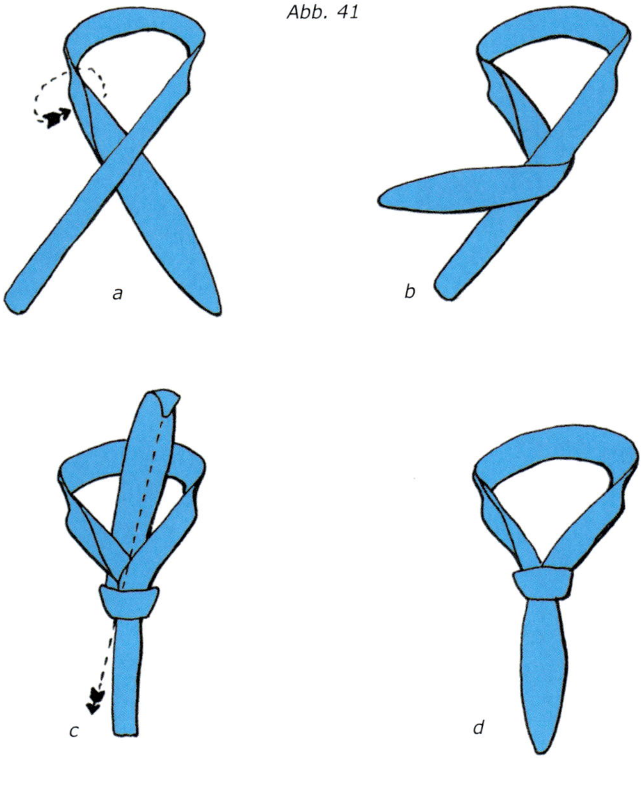

Einfacher Krawattenknoten

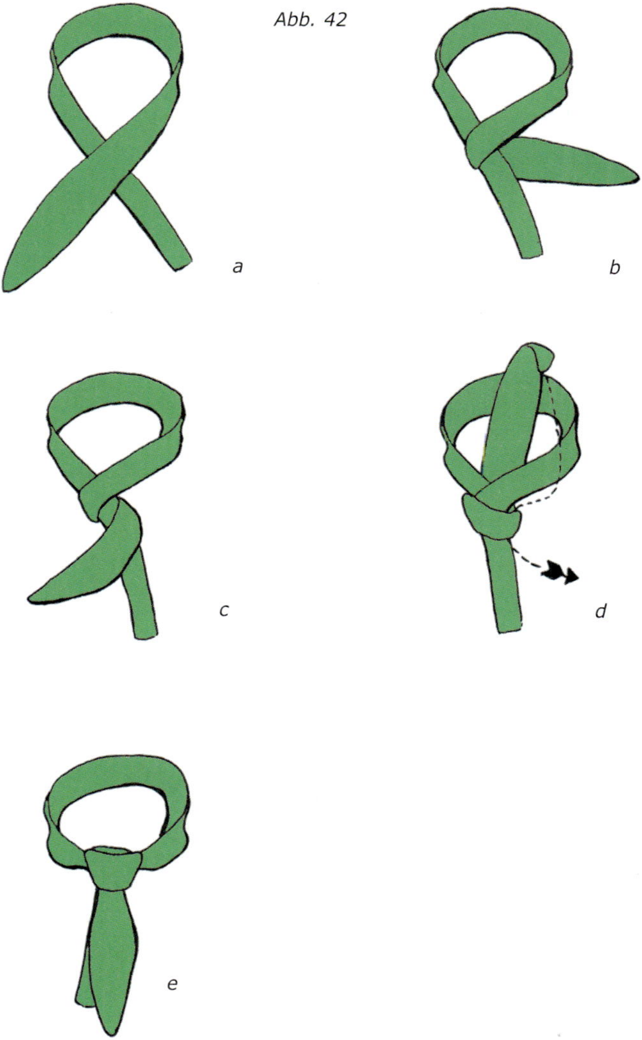

Abb. 42

Windsorknoten

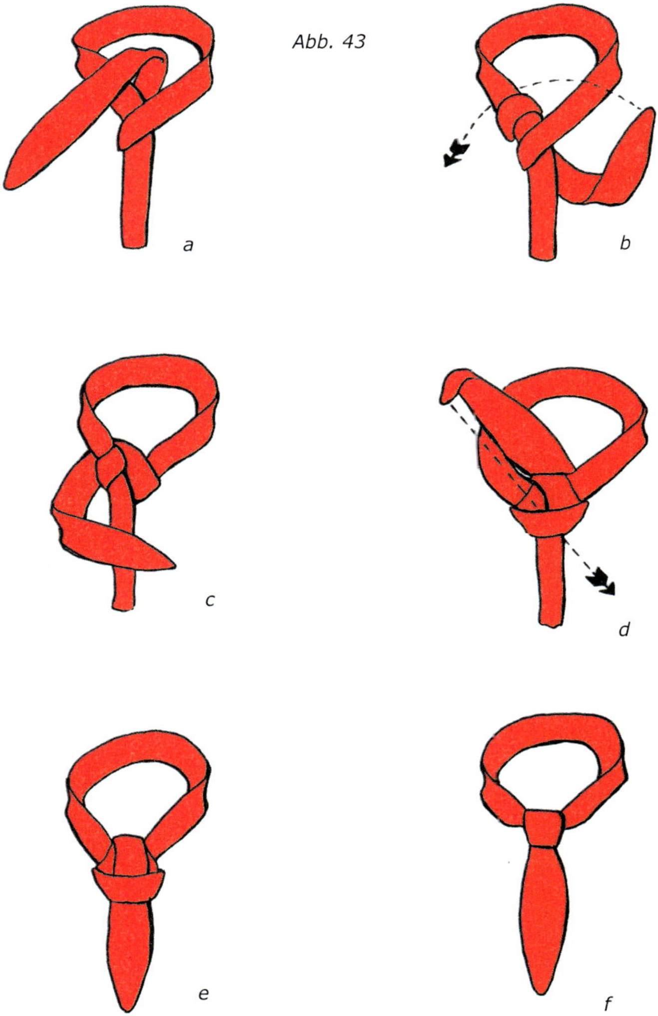

Abb. 43

Deutsche
Wanderjugend
DWJ

Glossar und Index

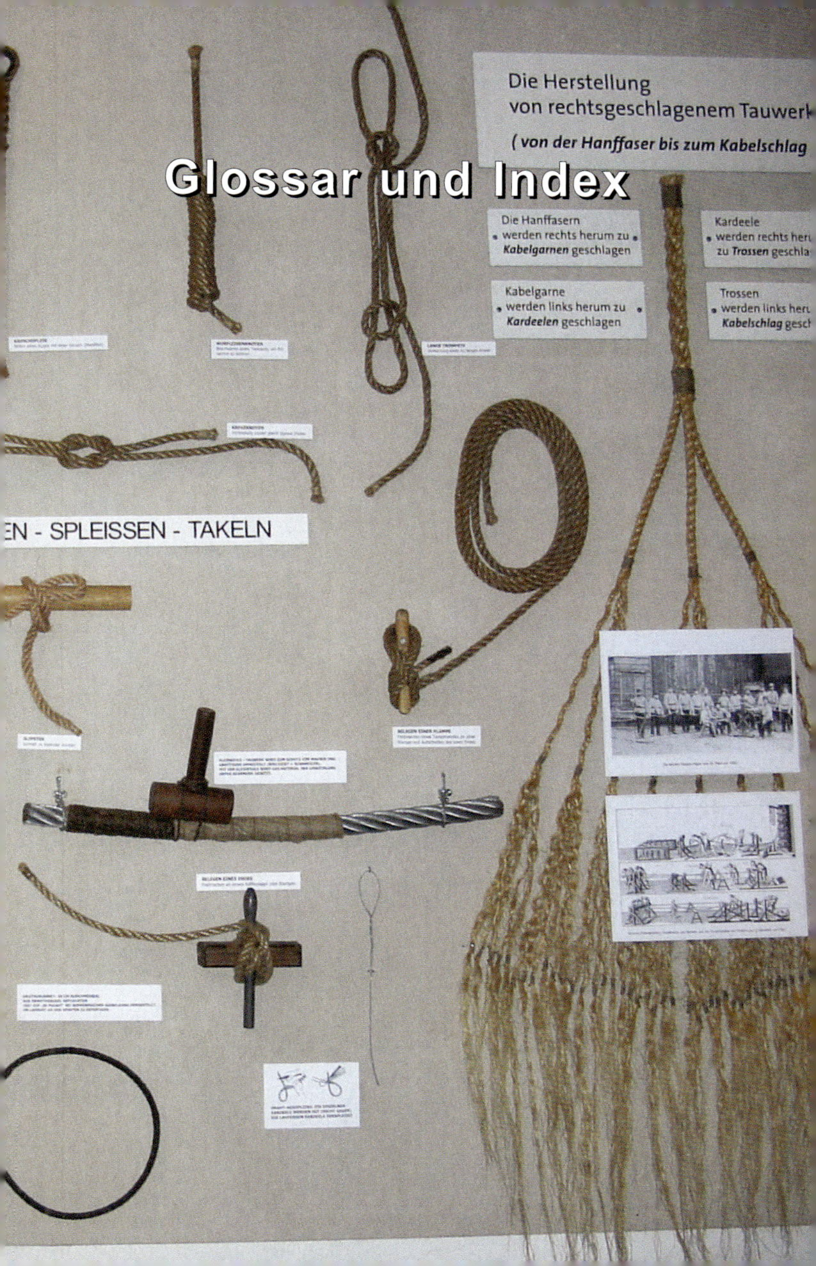

Fachbegriffe

Alle Knoten in diesem Buch kann man lernen, indem man sich die Zeichnungen genau anschaut und den Text dazu liest. Man muss nicht alle Fachausdrücke kennen, um die Beschreibungen und Zeichnungen zu verstehen. Allerdings, einige grundlegende Begriffe müssen in jedem Knotenbuch enthalten sein. Man kann sie sich merken oder wieder vergessen, je nach Belieben.

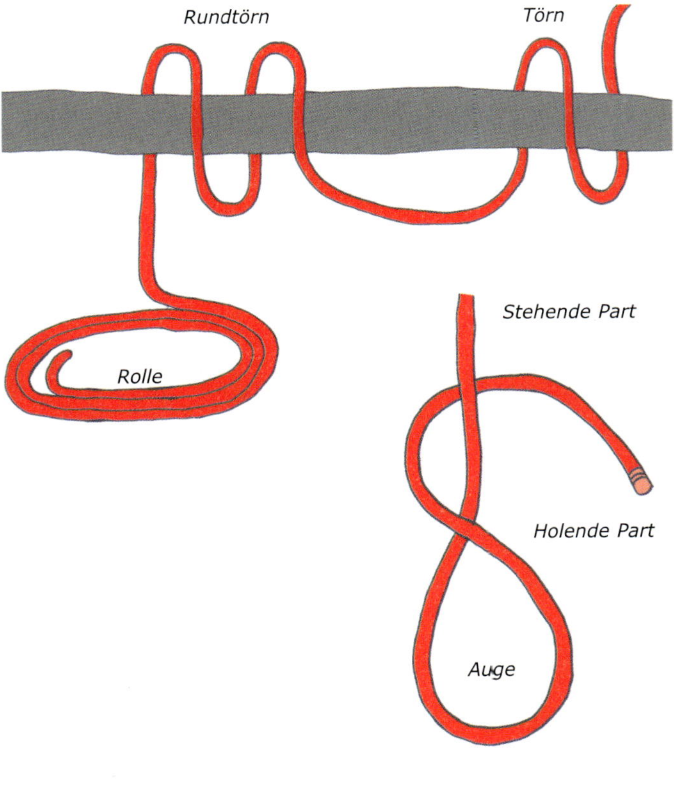

Aufschießen	Zusammenlegen, sachgerechtes Verstauen
Auge, Bucht	Schlinge
Erinnerung	Bestreben wieder die ursprüngliche Form anzunehmen
Kardeele	Strang eines Taus
Keepen	Kerbe, Rille
Kinken	Knoten, Fehler im Tau
Lasche	Verbindungsstück
Marlspieker	ahleartiges Werkzeug
Seele	Inneres eines geflochtenen Taus
Takling	Stopper gegen das Aufdröseln

Kordel	Zierschnur
Schnur	Band zum Verschnüren von Paketen
Strick	Dicke Schnur oder ein Seil zum Festbinden
Leine	Dünnes Seil, z.B. Wäscheleine
Seil	Sehr starke Schnur, die aus mehreren Kardeelen gedreht ist und mit der man schwere Dinge ziehen oder befestigen kann.
Tau	dickes, starkes Seil
Tau und Seil	identisch mit dem seemännischen Tampen
Trosse	extrem dickes Tau, z.B. Ankertrosse

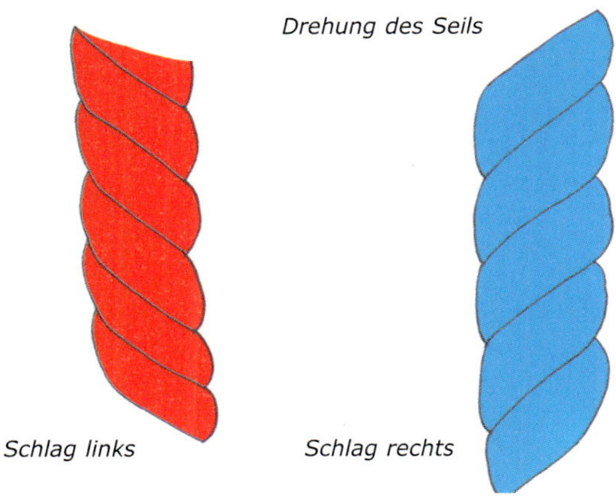

Der Palstek

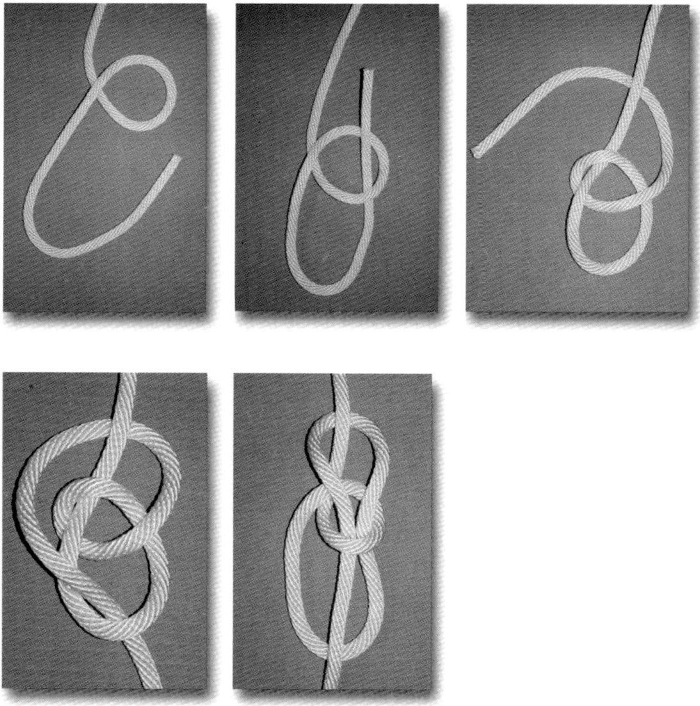

Rafting
Christoph Erber
OutdoorHandbuch Band 1

ISBN 978-3-86686-001-8
€ 7,90 [D]

Knoten
Manuela Dastig &
Dieter Großelohmann
OutdoorHandbuch Band 3
ISBN 978-3-86686-003-2
€ 7,90 [D]

Karte Kompass GPS
Reinhard Kummer
OutdoorHandbuch Band 4

ISBN 978-3-86686-004-9
€ 7,90 [D]

Essbare Wildpflanzen
Hartmut Engel &
Iris Kürschner
OutdoorHandbuch Band 5
ISBN 978-3-86686-005-6
€ 8,90 [D]

Skiwandern
Sven Deutschmann
NEU Herbst 2008
OutdoorHandbuch Band 6
ISBN 978-3-86686-006-3
€ 7,90 [D]

Wildniswandern
Reinhard Kummer
OutdoorHandbuch Band 7

ISBN 978-3-89392-307-6
€ 6,90 [D]

Kochen 1 - *aus Rucksack und Packtasche*
Nicola Boll
OutdoorHandbuch Band 8
ISBN 978-3-89392-608-4
€ 7,90 [D]

Bergwandern
Tim Castagne
OutdoorHandbuch Band 9

ISBN 978-3-89392-109-6
€ 6,90 [D]

Fotografieren
Ali Khandriche
OutdoorHandbuch Band 12

ISBN 978-3-89392-312-0
€ 7,90 [D]

Wetter
Michael Hodgson &
Meeno Schrader
OutdoorHandbuch Band 13

ISBN 978-3-89392-313-7
€ 6,90 [D]

Allein im Wald - *Survival für Kinder*
Colleen Politano
OutdoorHandbuch Band 14

ISBN 978-3-89392-314-4
€ 6,90 [D]

Wandern mit Kind -
zu Fuß, per Rad, mit Kanu
Kerstin Micklitza
OutdoorHandbuch Band 15

ISBN 978-3-89392-315-1
€ 6,90 [D]

Sex - ***Vorbereitung, Technik, Varianten***
Dr. Rose, Buck Tilton
OutdoorHandbuch Band 16

ISBN 978-3-86686-016-2
€ 6,90 [D]

Wüstensurvival
Thomas Binkle
OutdoorHandbuch Band 20

ISBN 978-3-86686-020-9
€ 7,90

Angeln
Harald Barth
OutdoorHandbuch Band 21

ISBN 978-3-89392-121-8
€ 7,90 [D]

Leben in der Wildnis
Bernd Berglund
OutdoorHandbuch Band 22

ISBN 978-3-86686-022-3
€ 7,90 [D]

Ratgeber rund ums Wohnmobil
C. Stein & H. Weber
OutdoorHandbuch Band 24

ISBN 978-3-86686-024-7
€ 7,90 [D]

Wale beobachten
Fabian Ritter
OutdoorHandbuch Band 25

ISBN 978-3-89392-325-0
€ 7,90 [D]

Spuren & Fährten
Hartmut Engel &
Stefan Zabanski
OutdoorHandbuch Band 30

ISBN 978-3-86686-030-8
€ 6,90 [D]

Canyoning
Bertram Winkler &
Gert Spilker
OutdoorHandbuch Band 31

ISBN 978-3-89392-131-7
€ 7,90 [D]

Mushing -
Hundeschlittenfahren
Martin Wlecke
OutdoorHandbuch Band 35

ISBN 978-3-89392-335-9
€ 7,90 [D]

Erste Hilfe
Martin Schepers
OutdoorHandbuch Band 39

ISBN 978-3-89392-139-3
€ 7,90 [D]

Solotrekking
Dietmar Heim &
Dirk Klawatzki
OutdoorHandbuch Band 45

ISBN 978-3-89392-145-4
€ 6,90 [D]

Für Frauen
Dr. Dietlinde Burkhardt &
David Meissner
OutdoorHandbuch Band 48

ISBN 978-3-86686-048-3
€ 6,90 [D]

Fahrtensegeln
Uli Mackel
OutdoorHandbuch Band 58

ISBN 978-3-89392-158-4
€ 7,90 [D]

Der Umwelt zuliebe
Martin Zwosta
OutdoorHandbuch Band 68
Neuauflage Herbst 2008

ISBN 978-3-86686-068-1
€ 7,90 [D]

benteuer Teeniegruppe
avid Meissner
utdoorHandbuch Band 69

SBN 978-3-89392-169-0
6,90 [D]

Wintertrekking
Dietmar Heim &
Dirk Klawatzki
OutdoorHandbuch Band 70

ISBN 978-3-89392-170-6
€ 6,90 [D]

Schnorcheln & Tauchen
Martin Kohn,
Stefan Haensch
OutdoorHandbuch Band 72

ISBN 978-3-86686-072-8
€ 7,90 [D]

Trekkingreiten
Barbara Heide,
Andreas Waldeck
OutdoorHandbuch Band 73

ISBN 978-3-89392-173-7
€ 7,90 [D]

Wohnmobil in USA und Kanada
Ingrid & Wolfgang Sauer,
Frank Noack
OutdoorHandbuch Band 77
ISBN 978-3-86686-077-3
€ 9,90 [D]

Regenwald-Expeditionen
Dr. Norbert Baumbach
OutdoorHandbuch Band 86

ISBN 978-3-89392-186-7
€ 7,90 [D]

Wattwandern
Hartmut Engel
OutdoorHandbuch Band 94

ISBN 978-3-89392-194-2
€ 7,90 [D]

Urlaub auf dem Land - bei den Nordlichtern
Hartmut Engel
OutdoorHandbuch Band 97

ISBN 978-3-89392-197-3
€ 7,90 [D]

Kochen 2 - *für Camper*
Claudia Erben
OutdoorHandbuch Band 9

ISBN 978-3-89392-399-1
€ 6,90 [D]

Ausrüstung 1 -
von Kopf bis Fuß
Sven Deutschmann &
Johann Schinabeck
OutdoorHandbuch Band 100
Neuauflage Herbst 2008
ISBN 978-3-86686-100-8
€ 9,90 [D]

Ausrüstung 2 -
für Camp und Küche
Sven Deutschmann &
Johann Schinabeck
OutdoorHandbuch Band 101
ISBN 978-89392-501-8
€ 7,90 [D]

Ballonfahren
Thomas Oeding
OutdoorHandbuch Band 102
ISBN 978-3-89392-802-6
€ 7,90 [D]

How to shit in the Woods
Kathleen Meyer
OutdoorHandbuch Band 103
ISBN 978-3-86686-103-9
€ 7,90 [D]

Globetrotten
Conrad Stein &
Michael Cannain
OutdoorHandbuch Band 104
ISBN 978-3-89392-504-9
€ 7,90 [D]

Daumensprung und
Jakobsstab
Wolfgang Regal
OutdoorHandbuch Band 106
ISBN 978-3-86686-106-0
€ 7,90 [D]

DocHoliday
Dr. Walter Rose
OutdoorHandbuch Band 108

ISBN 978-3-89392-508-7
€ 6,90 [D]

Trailfinder - *Orientierung ohne Kompass und GPS*
Wolfgang Regal
OutdoorHandbuch Band 120

ISBN 978-3-86686-120-6
€ 6,90 [D]

Kochen 3 - *für Gruppen und Zeltlager*
Wolfgang Ries
OutdoorHandbuch Band 129

ISBN 978-3-89392-529-2
€ 7,90 [D]

Zeltlager und Jugendfreizeiten 1
Wolfgang Ries
OutdoorHandbuch Band 131

ISBN 978-3-89392-531-5
€ 7,90 [D]

Zeltlager und Jugendfreizeiten 2
Wolfgang Ries
OutdoorHandbuch Band 138

ISBN 978-3-89392-538-4
€ 7,90 [D]

Trekking mit Hund
Heiko Kühr
OutdoorHandbuch Band 143

ISBN 978-3-89392-543-8
€ 9,90 [D]

Wenn Kinder fliegen
Manuela Danz
OutdoorHandbuch Band 148

ISBN 978-3-89392-548-3
€ 7,90 [D]

Fastenwandern
Ulrike Katrin Peters &
Karsten-Thilo Raab
OutdoorHandbuch Band 165

ISBN 978-3-89392-565-0
€ 6,90 [D]

Höhlen: Praxistipps für Einsteiger
Thomas Michael Schneider
OutdoorHandbuch Band 170

ISBN 978-3-89392-570-4
€ 7,90 [D]

Vulkane erleben
Lothar Fritsch
OutdoorHandbuch Band 176

ISBN 978-3-89392-576-6
€ 7,90 [D]

Kurzweilfibel
Ulrike Katrin Peters &
Karsten-Thilo Raab
OutdoorHandbuch Band 181

ISBN 978-3-89392-581-0
€ 7,90 [D]

Trekking ultraleicht
Stefan Dapprich
OutdoorHandbuch Band 184

ISBN 978-3-86686-184-8
€ 9,90 [D]

Basiswissen für Wildnisführer
Christian Reich
OutdoorHandbuch Band 199

ISBN 978-3-86686-199-2
€ 9,90 [D]

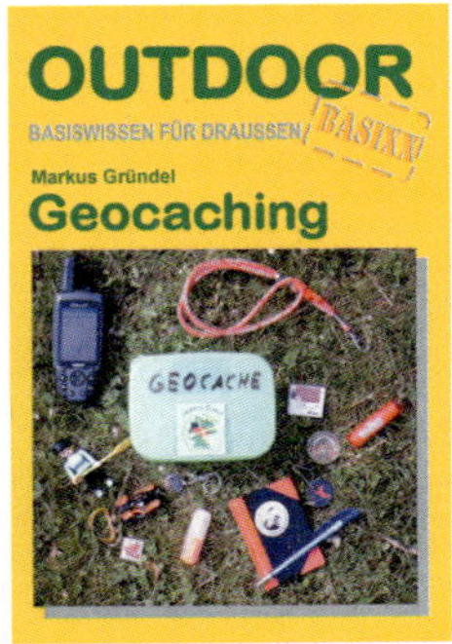

Geocaching
Markus Gründel
OutdoorHandbuch Band 203

ISBN 978-3-86686-203-6
€ 7,90 [D]

Mit Pinsel und Palette auf Reisen
Ulrike Katrin Peters & Karsten-Thilo Raab
OutdoorHandbuch Band 207
ISBN 978-3-86686-207-4
€ 7,90 [D]

Wale erforschen
Fabian Ritter
OutdoorHandbuch Band 210

ISBN 978-3-86686-210-4
€ 9,90 [D]

Kochen 4 - *Kulinarisches aus der Kochkiste*
Joey Menzel
OutdoorHandbuch Band 214

ISBN 978-3-86686-214-2
€ 8,90 [D]

Camping - *nicht nur für Anfänger*
Ron Metzger
OutdoorHandbuch Band 23
NEU Frühjahr 2009
ISBN 978-3-86686-237-1
€ 9,90 [D]